Minimiser le coût du riz local en Afrique de l'ouest

Les Impliqués Éditeur

Structure éditoriale récente fondée par L'Harmattan, Les Impliqués Éditeur a pour ambition de proposer au public des ouvrages de tous horizons, essentiellement dans les domaines des sciences humaines et de la création littéraire.

Déjà parus

Chaigneau (Michel), *Nature morte*, 2018.

Lenojantois (Yves), *La cité maya retrouvée, Petit roman d'aventure archéologique et humaine*, 2018.

Eteki-Otabela (Marie-Louise), *Libérez Simone Ehivet Gbagbo, Pour en finir avec les totalitarismes en Afrique*, 2018.

Orane, *Les nymphéas, Mémoires*, 2018.

Moundélé-Ngollo (Benoît), *Ce n'est pas ça mon combat à moi*, 2018.

Doubey (Rénouka), *Quelque chose dans le ventre, Roman*, 2018.

Cartier (Jean-Michel), *C'est la faute à Rousseau, Comédie philosophique*, 2018.

Peretti (Marie-Laure), *La légende du labrador, À hauteur de truffes, Roman*, 2018.

Lajonchère (Jean), *Les cendres perdues de ma vie*, 2018.

Benamrane (Djilali), *La genèse d'une renaissance*, 2018.

Ces dix derniers titres de ce secteur sont classés par ordre chronologique en commençant par le plus récent.
La liste complète des parutions, avec une courte présentation du contenu des ouvrages, peut être consultée sur le site :
www.lesimpliques.fr

Ronize Ivan RAMOS PIRES

MINIMISER LE COUT DU RIZ LOCAL EN AFRIQUE DE L'OUEST

Le cas de la vallée du Sénégal

Les impliqués Éditeur

21 bis, rue des écoles, 75005 Paris

www.lesimpliques.fr
contact@lesimpliques.fr

ISBN : 978-2-343-11546-7
EAN : 9782343115467

DÉDICACES

À MES CHERS PARENTS,

Dionisio PIRES et
Angelina RAMOS

Aucune dédicace ne saurait exprimer mon respect, mon amour éternel et ma considération pour les sacrifices que vous avez consentis pour mon instruction et mon bien-être.

Je vous remercie pour tout le soutien et l'amour que vous me portez depuis mon enfance et j'espère que votre bénédiction m'accompagne toujours.

Que ce modeste travail soit l'exaucement de vos vœux tant formulés, le fruit de vos innombrables sacrifices, le sens de la responsabilité que vous m'avez inculqué, bien que je ne vous en acquitterai jamais assez.

Puisse Dieu, le Très Haut, vous accorder sa miséricorde et un éternel repos dans son paradis et faire en sorte que jamais je ne vous déçoive.

REMERCIEMENTS

Je tiens à remercier le Représentant régional par intérim le Dr Mamadou Kabirou NDIAYE, et l'ensemble de l'équipe de recherche et de l'administration AfricaRice, pour m'avoir accueilli à AfricaRice et m'avoir mis dans les meilleures conditions de travail. Cette expérience fut pour moi très formatrice et la confiance qu'ils m'ont accordée très motivante.

Je remercie également le Dr Mandiaye DIAGNE, chercheur et chargé de mon encadrement, pour sa disponibilité, ses conseils et l'aide qu'il a manifestée à mon égard dans la rédaction de ce mémoire.

Un grand merci au Dr Modou DIENG, Consultant, Formateur en Finance et enseignant à l'Université Dakar-Bourguiba pour son orientation, sans oublier tous les intervenants professionnels responsables de mon encadrement pour les conseils méthodiques pour une meilleure approche de mon travail.

Je tiens également à remercier et à témoigner toute ma reconnaissance aux personnes suivantes, pour l'expérience enrichissante et pleine d'intérêt qu'elles m'ont fait vivre durant mon stage de recherche à AfricaRice :

- Dr. Karim Traoré - Chercheur AfricaRice ;
- Dr. Alpha Bocar BALDE - Chercheur AfricaRice ;
- Mme Maïmouna NDOUR - Sociologue AfricaRice ;
- M. Boubakary CISSÉ - Assistant de Programme AfricaRice ;
- M. Mansour DIOP - Assistant de Recherche AfricaRice

- M. Maguette DIEYE - Agent de bureau AfricaRice

Mes remerciements vont aussi à toute ma famille, tout particulièrement à l'endroit de mon oncle, de ma tante et de mon frère, qui n'ont ménagé aucun effort pour me soutenir depuis mon arrivée à Dakar jusqu'à ce jour :

- M. DIOH Charles ;
- Mme DIOH Henriette née RAMOS ;
- M. PIRES Edmilson Revelino, M. J. J. RAMOS

Enfin, je tiens à remercier la famille Ndiaye pour m'avoir hébergé durant mon séjour à Saint-Louis. Cette famille a contribué, par sa disponibilité, sa bonne humeur à rendre mon séjour enrichissant et motivant. Qu'elle trouve ici toute ma reconnaissance !

RESUME

La consommation de riz per capita dans la sous-région est proche des niveaux asiatiques, surtout dans des pays côtiers tels que la Guinée, la Guinée-Bissau, le Liberia, le Sénégal et la Sierra Leone, où le « riz est synonyme de sécurité alimentaire ». Mais sa production et sa commercialisation sont limitées par plusieurs contraintes, telles que son coût.

L'objet de ce mémoire est d'étudier une stratégie financière afin de minimiser les coûts du riz local en Afrique de l'Ouest. Notre zone d'étude est le delta du fleuve Sénégal.

Nous avons procédé par observation participante, guide d'entretien, conversation privée et enquête par questionnaire.

Les analyses faites avec les méthodes de calcul des moyennes et des fréquences statistiques à l'aide du logiciel SPSS nous permettent de conclure que la principale source de coût vient d'une mauvaise organisation de la chaîne de valeur. Dans cette étude nous avons conclu que la méthode de production est coûteuse, que les deux modes de décorticage donnent un riz blanchi de qualité dispersée, que le circuit de commercialisation est long et que les acteurs exercent une double activité.

***Mots clés :** Coût, riz, production, rendement, stratégie financière, chaîne de valeur, marché.*

ABSTRACT

The per capita consumption of rice in the West African sub-region is high. In coastal countries like Guinea, Guinea-Bissau, Liberia, Senegal and Sierra Leone, where 'rice is synonymous to food security', per capita consumption levels are comparable to that of Asia. However, its production and its commercialization are limited by several constraints such the cost.

The objective of this Thesis is to study the financial strategy in order to minimize the costs of the local rice production in West Africa, using the Delta of the Senegal River as a case study.

We proceeded by participatory observation, interviews, private conversation and investigation by questioners.

The analyses made with the statistical methods of calculation of the averages and frequencies with the software SPSS allowed us to conclude that the main source of cost comes from a bad organization of the value chain, an expensive production method, two categories of milling that give white rice whitened of dispersed quality, a circuit of long merchandising with the actors with double activityies.

Key words : *Cost, rice, production, yield, financial strategy, value chain, market.*

SOMMAIRE

LISTE DES TABLEAUX

LISTE DES GRAPHIQUES

LISTE DES ANNEXES

LISTE DES SIGLES ET ABRÉVIATIONS

ADRAO	:	Association pour le Développement de la Riziculture en Afrique de l'Ouest (actuelle AfricaRice)
AFD	:	Agence Française de Développement
AfricaRice	:	Centre du riz en Afrique
ASI	:	Adrao Saed Isra (batteuse)
ASS	:	Afrique subsaharienne
BCEAO	:	Banque Centrale des Etats de l'Afrique de l'Ouest
BM	:	Banque Mondiale
CGER	:	Centre de Gestion et d'Économie Rurale
CNCAS	:	Caisse Nationale de Crédit Agricole du Sénégal
CV	:	Chaîne de Valeur
DRDR	:	Direction Régionale du Développement Rural
DT	:	Décortiqueuse Traditionnelle
FAO	:	Fund Agriculture Organization

GIE	:	Groupement d'intérêt économique
GOANA	:	Grande Offensive Agricole pour la Nourriture et l'Abondance
ISRA	:	Institut Sénégalais de Recherches Agricoles
MR	:	Mini-Rizerie
Mt	:	Million de tonnes
PINORD	:	Programme d'appui aux Initiatives du Nord
PMA	:	Principal Marché d'Approvisionnement
PMV	:	Principal Marché de Vente
PRACAS	:	Programme d'Accélération de la Cadence de l'Agriculture Sénégalaise
SAED	:	Société nationale d'Aménagement et d'Exploitation des terres du Delta du fleuve Sénégal
USDA	:	United States Department of Agriculture
VFS	:	Vallée du Fleuve Sénégal
WASDE	:	World Agricultural Supply and Demand Estimates

INTRODUCTION GÉNÉRALE

La *compétitivité-prix* du riz local en Afrique de l'Ouest a été le sujet d'un long débat depuis des années. D'après de nombreux auteurs, l'absence d'un *avantage comparatif* dans la production du riz est l'une des causes de la dépendance de l'Afrique de l'Ouest aux importations du riz (DEMONT *et, al.*, 2013).

Selon l'USDA (United States Department of Agriculture) dans son rapport WASDE (World Agricultural Supply and Demand Estimates), des records ont été enregistrés tant dans la production mondiale de riz à 465,6 Mt (million de tonnes) que dans la consommation à 468,7 Mt en 2012-13 (USDA, 2014).

Parmi les producteurs potentiels, la Chine et l'Inde comptent pour plus de la moitié de la hausse de production mondiale depuis 2003. Cette augmentation est due essentiellement à un accroissement des superficies, les rendements n'affichant qu'une très faible progression (France AgriMer, 2012).

Une analyse effectuée par le Centre du riz pour l'Afrique (AfricaRice) a révélé que le taux de croissance de la production de paddy en Afrique subsaharienne (ASS) est passé de 3,2 % par an avant la crise rizicole (2000–2007) à 8,4 % par an après elle (2007–2012). L'analyse a également montré que le rendement moyen du riz en ASS a augmenté d'environ 30 % entre 2007 et 2012 et qu'il augmente à un rythme plus rapide que la moyenne mondiale (AfricaRice, 2013).

Certes, il faut maintenir, voire augmenter cette croissance de la production de paddy car la consommation de riz en ASS ne cesse d'augmenter (5 % par an), mais il faut également développer sa commercialisation afin que son prix sur le marché ne le désavantage pas par rapport au riz importé.

La commercialisation du riz local en Afrique de l'Ouest est aujourd'hui l'une des difficultés majeures de la riziculture sous-régionale. Selon de nombreux auteurs entre autres (Brüntrup *et al.*, 2006), dans le cadre du Sénégal, l'évolution des principaux facteurs de production, rendements, nombre de récoltes par an, consommation d'eau et expansion des zones irriguées, restait très loin en deçà de son potentiel. Malgré cette faible production, la commercialisation demeure difficile ; il est donc nécessaire, compte tenu des objectifs fixés pour atteindre l'autosuffisance, d'accorder une attention particulière à la commercialisation du riz en Afrique de l'Ouest. Une stratégie financière visant à minimiser le coût sur le marché pourrait être un atout commercial ; ainsi, avec un prix abordable, une politique de pénétration sur le marché pourrait être envisagée.

Le riz représente la base de l'alimentation humaine pour 2,5 milliards de personnes dans les pays en voie de développement, avec des consommations annuelles très importantes dépassant, dans certains pays, 100kg/habitant (Banque Mondiale, 2007).

La consommation de riz *per capita* dans la sous-région est proche des niveaux asiatiques, surtout dans des pays côtiers tels que **la Guinée, la Guinée-Bissau, le Liberia, le Sénégal et la Sierra Leone,** où le *« riz est synonyme de sécurité alimentaire ».* Cette céréale a une place prépondérante au niveau de la consommation et dans les dépenses familiales des plus pauvres, qui justifie une importation en Afrique de l'Ouest de 5,2 Mt de riz (année 2007). Aussi, une étude présentée par la Banque Mondiale (BM) montre, par exemple, qu'une augmentation de 30 % du coût du riz fait passer le taux de pauvreté de 64 à 70 % au Liberia (Banque Mondiale, 2007).

L'Asie domine l'économie du riz avec 90 % des surfaces de production qui y sont concentrées. L'Amérique latine et l'Afrique se partagent les 10 % restants. En se référant aux données de la Banque Mondiale, la crise de 2008 sur les marchés internationaux du riz aurait fortement touché la sous-région. L'Afrique de l'Ouest est l'un des pôles majeurs d'importation de riz au niveau mondial et la production dans la sous-région ne couvre que 60 % des besoins. Ainsi, il va sans dire qu'il y a une forte demande vis-à-vis de ce produit en Afrique de l'Ouest et une faible production avec un coût très élevé.

La région dispose néanmoins d'importantes potentialités rizicoles, notamment dans les bassins nigérian, guinéen, bissau-guinéen, malien, et dans la Vallée du Fleuve Sénégal (VFS).

L'importance de ce secteur justifie le choix de recherche. La riziculture aujourd'hui en Afrique de l'Ouest peut être l'un des points de départ pour la lutte contre l'insuffisance alimentaire.

La crise sur le marché rizicole en 2008 a incité les Etats de l'Afrique de l'Ouest à adopter une stratégie visant la réduction des taxes vis-à-vis du riz dans l'objectif de faire baisser son prix sur le marché. Selon la théorie économique classique, un prix vrai est un prix formé sur un marché parfaitement concurrentiel qui exclut toute barrière commerciale. Dans cette perspective, si les prix intérieurs s'écartent durablement des prix internationaux, en raison de taxes et subventions, les ressources productives ne sont pas distribuées de façon optimale. Privée des gains traditionnellement associés au commerce international, l'économie dans son ensemble subit une perte nette.

D'après ces principes, les pouvoirs publics des pays de l'Afrique de l'Ouest considérés ici ne devraient pas imposer un prix intérieur du riz très différent de celui du marché mondial, non seulement parce que l'économie subirait une perte considérable en terme de recettes fiscales, mais aussi parce qu'avec cette stratégie, l'autosuffisance en riz pourrait être compromise.

La production rizicole globale en Afrique de l'Ouest a peu évolué au long des années et la dépendance à ce produit est de plus en plus importante en terme de quantité importée.

Dans le cadre du Sénégal, la production globale de paddy a tourné autour de 600 000 tonnes entre 2008 et 2013, alors que la consommation globale du riz par an était de 1 010 000 tonnes (1 600 000 tonnes de paddy) ; nous remarquons donc un écart énorme entre la consommation et la production (BCEAO, 2014).

La production irriguée de la VFS, pour sa part, a connu une augmentation de l'ordre de 8 % par an sur les 25 dernières années, grâce à une augmentation des superficies (AFD, 2009).

Malgré cette augmentation de rendement agricole, le prix du riz local sur le marché demeure élevé, la pénétration de ce produit sur ledit marché continuait à présenter des difficultés.

Le problème principal concerne le « *pourquoi ?* ». Malgré les importantes potentialités rizicoles dans la sous-région, le riz local continue à faire face des difficultés commerciales causées par son coût élevé sur le marché, ce qui ne facilite pas sa concurrence face aux riz importés.

Ainsi, en se basant sur ces informations, nous avons soulevé la problématique sous forme de questions à savoir :

- **Est-ce que la source de ce coût élevé est originaire d'une mauvaise organisation des segments de la chaîne de valeur ?**
- **Est-ce que la technologie utilisée dans la production entraîne un coût élevé ?**

Ces questions vont nous permettre, au terme de ce travail, de pouvoir faire une proposition des solutions qui pourront contribuer à une réduction de coût du riz sur le marché.

Comme tout travail de recherche, nous avons fixé des objectifs qui vont nous permettre au terme des travaux d'avoir les réponses recherchées.

L'objectif général visé à travers la conduite de la présente étude est de **comprendre et de dégager les sources de coût au sein des différents intervenants au niveau de la chaîne de valeur dans la production, la transformation et la commercialisation du riz local.**

De manière spécifique, il s'agit de :

- Dégager le profil des différents intervenants au niveau de la chaîne de valeur ;
- Identifier les sources de coûts des différents segments de la chaîne de valeur, ainsi que leur poids sur le prix du riz blanc.
- Étudier le circuit de distribution de paddy et du riz blanc, ainsi que leurs coûts d'accès au marché.

Face à ces objectifs, nous basons notre travail sur les hypothèses suivantes :

- **H1** : Une mauvaise organisation de la chaîne de valeur rend plus couteux le riz sur le marché ;
- **H2** : La non-maîtrise du coût de production rend le prix du riz plus élevé.

- **H3** : Une mauvaise organisation de la chaîne de distribution entraîne un coût élevé pour le consommateur final.

Ce travail sera présenté en trois chapitres. Dans un premier chapitre, nous montrerons la méthodologie d'étude ; le deuxième chapitre sera consacré à l'identification des sources de coûts dans les segments de la chaîne de valeur, et le troisième chapitre présentera les résultats et discussions avant de terminer avec la conclusion.

CHAPITRE I- MÉTHODOLOGIE D'ÉTUDE

L'approche méthodologique proposée a été conçue dans le but d'atteindre les objectifs fixés, en tenant compte des réalités de notre zone de recherche (la VFS) et des exigences que ses spécificités imposent.

Cette étude se fonde sur la stratégie financière à proposer afin de minimiser le coût du riz local au Sénégal. Pour sa réalisation, nous avons choisi dans une première partie de faire une présentation de la zone d'étude, c'est-à-dire la VFS, ensuite de procéder à la présentation du processus de collecte de données, avant de présenter l'approche théorique utilisée dans le cadre de la recherche.

I- Présentation de la zone d'étude (Vallée du Fleuve Sénégal)

La VFS se forme à Bafoulabé au Mali par la confluence de deux rivières qui descendent du massif du Fouta-Djalon, le Bafing et le Bakoye (grossis du Baoulé). Le Bafing, qui apporte la moitié des eaux du fleuve, est ainsi considéré comme la branche mère du fleuve Sénégal (Wikipédia, 2014).

La rive gauche de la vallée du fleuve Sénégal s'étend sur plus de 800 km, de l'embouchure jusqu'à la frontière avec le Mali, puis le long de la Falémé, affluent du Sénégal, soit 34 % du territoire national (figure 1).

Sur le plan administratif, elle couvre les trois régions : de Saint-Louis (Départements de Saint-Louis, Dagana et Podor), de Matam (Départements de Matam et Kanel) et de Tambacounda (Département de Bakel). Sur le plan géographique, on distingue quatre grandes zones :

- La haute vallée en amont de Bakel qui concerne les 50 km situés le long du fleuve jusqu'à la frontière malienne et la rive gauche de la Falémé ;
- La moyenne vallée qui s'étend sur environ 300 km de Bakel à Saldé (plus exactement M'Bagne à 20 km en amont de Saldé).
- La basse vallée qui s'étend, elle aussi, sur près de 300 km de Saldé jusqu'à Richard-Toll.
- Enfin, le delta du fleuve de Richard-Toll jusqu'à l'embouchure, sur environ 170km.

I.I- Régime-débit

Le régime du Sénégal est irrégulier et dépend des pluies de mousson et des barrages de Manantali et Diama.

Le barrage de Manantali, sur le Bafing, d'une capacité de 11,5 milliards de m^3, a actuellement un rôle régulateur. Lorsque la réserve est suffisamment reconstituée en fin d'hivernage, il permet d'assurer un débit minimum de 200 m^3/s de février à juin, nécessaire aux besoins de l'agriculture irriguée de contre-saison et peut éventuellement améliorer la crue naturelle des affluents non régularisés durant l'hivernage suivant. La crue artificielle ainsi créée est indispensable pour préserver l'environnement dans la vallée et permettre les cultures de décrue, vitales pour les agriculteurs.

Le barrage de Diama est, par contre, un ouvrage anti-sel avec des endiguements sur les deux rives du fleuve permettant d'assurer une gestion « haute » autorisant une irrigation gravitaire dans les terres basses du delta, en aval de Dagana. Les lacs de R'Kiz et de Guiers peuvent ainsi être alimentés à partir de la retenue de Diama durant la saison sèche. Cette gestion haute a permis le développement des aménagements hydro-agricoles, qu'ils soient publics ou privés.

Ces deux barrages respectivement mis en service en 1988 et 1986 devaient permettre de :

- irriguer 375 000 hectares de terres ;
- arrêter l'intrusion des eaux salées dans le cours fluvial ;
- rendre navigable le fleuve de Kayes à Saint-Louis ;
- produire 800 GWH d'énergie hydroélectrique par an (Vertigo, 2003).

I.2- Sols

Le facteur essentiel de la formation des sols dans la vallée est la fréquence et la durée de l'inondation par la crue (DIOP *et al.*, 2008).

On distingue 4 grands types de sols dont 3 composant le potentiel irrigable classés en fonction de leur texture et de leur structure :

- **Hollaldé** : 36 % du potentiel irrigable, contiennent 50 à 75 % d'argile (sont argileux), mauvais drainage, favorables à riziculture, structure prismatique à sols sans structure, supportent la submersion, sont très difficiles à travailler aussi bien en sec qu'en humide.
- **Faux-Hollaldé** : 31 % du potentiel irrigable, contiennent 30 à 50 % d'argile (sont argilo-limoneux), mauvais drainage, sols sans structure, favorables à la riziculture et autres cultures.
- **Fondé** : 33 % du potentiel irrigable, teneur en argile de 10 à 30 % (sont limoneux), drainage moyen, structure cuboïde, favorables à toutes cultures autres que le riz, sols filtrants.
- **Diéri** : contiennent 80 à 90 % de sable (sols sablonneux), structure mono-granulaire, supportent toutes les cultures autres que le riz.

I.3- Population

La population de la vallée est estimée, en 2000, à 1 030 488 habitants dont 75 % de ruraux. Les groupes ethniques les plus importants sont les Hal Pulaar (Toucouleur et Peulh : plus de la moitié de la population), les Wolof, les Soninké et les Maures (près de 25 %). La population est très inégalement répartie ; le département de Dagana concentre près de 41 % de l'effectif. La moitié a moins de 20 ans ; 52 % sont des femmes (Wikipédia, 2014).

I.4- Ressources de l'exploitation

Au niveau de la vallée, l'héritage est le mode d'acquisition des terres le plus répandu (32 % des exploitations). Les terres attribuées par la Communauté rurale (29 %) concernent généralement les périmètres irrigués. La location et l'achat de terre sont pratiqués de façon marginale.

Dans le département de Bakel, l'héritage domine avec 51 % des acquisitions, suivi des affectations par le chef de village et des emprunts (13 %). On note une subsistance du droit de hache[1] (11 %). La communauté rurale reste peu dynamique dans l'attribution des terres.

Les Communautés rurales du département de Dagana sont actives dans l'attribution des terres (32 % des cas) suivies par l'héritage (18 %). Les affectations du chef de village et les autres formes d'attribution des terres sont à l'état marginal.

Plus de trois quarts (78 %) des terres sont attribuées par le Conseil rural dans le département de Kanel ; viennent ensuite celles acquises par l'héritage (10 %) et par l'emprunt (9 %).

Les modes d'acquisition des terres les plus courants au niveau du département de Matam sont l'affectation par le Conseil rural (47 %), l'héritage (26 %) et l'emprunt (15 %).

L'héritage est le mode d'acquisition dominant (42 %) dans le département de Podor, suivi de l'affectation par le chef

[1]Le droit de hache : C'est le droit reconnu aux ancêtres (d'un groupe ethnique) d'avoir été les premiers à procéder à l'aménagement de la terre par la coupe des arbres, et donc par l'usage de la hache.

de village (32 %) et de l'attribution par le Conseil rural (16 %), les autres modes étant insignifiants.

La superficie moyenne cultivée par exploitation familiale est de 1,72 hectare. D'après ces statistiques, on peut constater des disparités énormes existant d'un département à un autre et d'une culture à une autre. La moyenne varie de 1,12 hectare à Matam, à 3,75 hectares à Dagana (tableau 1).

Cependant, les producteurs disposent encore de réserves foncières non exploitées qui s'expliquent par des difficultés pour obtenir le financement des campagnes agricoles.

Tableau 1 : Ressources exploitation

Départements	Foncier (ha)		Nombre d'actifs
	Disponible	Cultivé	
Dagana	5,13	3,75	5
Podor	3,02	0,98	5
Matam	1,92	1,12	6
Kanel	1,94	1,19	7
Bakel	5,17	1,63	7
Moyenne Vallée	**3,44**	**1,72**	**6**

Source : Enquêtes OXFAM 2004

Les aménagements hydro-agricoles (périmètres irrigués) constituent l'essentiel (42 %) des terres de culture de la vallée du fleuve Sénégal suivis des sols du Diéri (sol Dior pour 20 %) et des terres de décrue (15 %). Les périmètres irrigués sont constitués par les Grands aménagements (GA : Dagana et Podor), les Aménagements intermédiaires (AI : Dagana, Podor et Matam), les Périmètres irrigués villageois (PIV : dans les départements) et les Périmètres irrigués privés (PIP : dans les départements).

Chaque exploitation agricole de la vallée dispose d'une main-d'œuvre familiale estimée à une moyenne par département d'environ six (06) actifs (OXFAM, 2004).

II- Outils de collecte de données

Pour répondre à notre question de recherche, nous avons recouru à plusieurs méthodes de collecte des données qui commencent d'abord par l'observation participante ; viennent ensuite l'entretien par un guide d'entretien ou une conversation personnelle avec les acteurs de la chaine de valeur et enfin l'enquête par deux questionnaires destinés aux transformateurs et aux commerçants.

La méthode d'observation est un moyen d'observation du mode de fonctionnement de chaque acteur ou intervenant au niveau de la chaîne de valeur afin de pouvoir dans un premier temps comprendre leur fonctionnement avant de collecter les donnée par un entretien ou une interview par le biais d'un questionnaire.

Concernant l'entretien, cette méthode nous a permis d'obtenir les informations utiles et nécessaires pour notre étude auprès des acteurs ou professionnels intervenant dans la chaîne de valeur.

Pour terminer, les questionnaires nous ont permis de collecter les données sur les transformateurs (Décortiqueuses Traditionnelles et Mini-Rizeries) et les commerçants (Grossistes et Détaillants).

Les échantillons ont été répartis au niveau de la zone du Delta du Fleuve Sénégal, pour les transformateurs comme pour les commerçants de la façon suivante (voir le tableau 2 et 3) :

Tableau 2 : Répartition des échantillons pour les transformateurs

Zones	Décortiqueuses Traditionnelles (DT)	Mini-Rizeries (MR)
Tiguette	1	0
Dagana	2	0
Richard-Toll	2	0
Ross-Béthio	2	2
Pont Gendarme	1	0
N'diaye	0	1
Total	**8**	**3**

Source : l'auteur

Tableau 3 : Répartition des échantillons pour les commerçants

Zones	*Grossistes*	*Détaillants*
Fanaye	0	2
Dagana	2	3
Richard-Toll	2	3
Ross Béthio	2	3
Pont-Gendarme	1	0
Saint-Louis	3	5
Total	**10**	**16**

Source : l'auteur

Pour l'analyse descriptive de nos données, nous avons utilisé principalement une analyse de moyenne et de fréquence avec le logiciel SPSS (Statistical Package for the Social Sciences) et Microsoft Excel.

CHAPITRE II : IDENTIFICATION DES SOURCES DE COUTS DANS LES SEGMENTS DE LA CHAINE DE VALEUR

Le concept de chaîne de valeur (CV) a été introduit par Michael Porter dans son ouvrage *L'avantage concurrentiel* (Porter, 1986). Selon lui, elle permet de décomposer l'activité de l'entreprise en séquences d'opérations élémentaires et d'identifier les sources d'avantages concurrentiels potentiels. Mais cette définition est loin d'être figée dans la mesure où d'autres auteurs ont essayé de la définir autrement. C'est ainsi, que (Spore, 2012) la chaîne de valeur est définie comme un ensemble d'acteurs dont les actions sont interconnectées pour mettre à la disposition du consommateur un produit ou service répondant à ses besoins. Ces activités sont coordonnées de manière à ajouter de la valeur à chaque étape (production, transformation, distribution).

Le développement de chaque intervenant de la chaîne de valeur est de plus en plus encouragé pour optimiser le revenu des producteurs en produisant de la qualité avec un coût minimal (encourager la production), pour diminuer le coût de transformation (minimiser le prix du riz local sur le marché) et proposer une chaîne de distribution optimale (réduire le coût de distribution).

Il convient toutefois de garder à l'esprit qu'une chaîne de valeur a pour objet de générer des bénéfices et de créer un cadre propice pour satisfaire le consommateur ; mieux elle est organisée plus la qualité et le prix du produit final sur le marché seront optimaux.

I- Approvisionnement en intrants

Pour la filière riz de la VFS, l'approvisionnement en intrants se fait dans la plupart des cas en apport du projet sous forme de fonds de roulement. Son processus débute avec le recensement des besoins en intrants et le choix des variétés de semences par les organisations paysannes. Après cette étape, celles-ci font le montage d'une expression de besoin collectif en intrants que la SAED doit valider avant de le déposer à la CNCAS. Par ailleurs, cette dernière, à travers son comité de crédit, renvoie le résultat à la SAED pour que celle-ci puisse passer la commande auprès des sociétés agréées. Un aspect plus spécifique se vérifie pour la semence certifiée, bien que sa distribution suive la même logique que les autres intrants, mais sa production présente une caractéristique spécifique. Les premières générations sont fournies par les institutions de recherche à savoir Centre du riz pour l'Afrique (AfricaRice) et Institut Sénégalais de Recherches Agricoles (ISRA) ; ensuite les producteurs semenciers assurent la production avec la supervision (contrôle aux champs) des (GIE) Groupements d'Intérêt Economique des techniciens agréés. La certification est faite par la DRDR Direction Régionale du Développement Rural, à travers sa Division des Semences.

Malgré cette organisation, cette partie de la CV traverse encore des difficultés on peut lister entre autres les principales difficultés que rencontre le maillon approvisionnement en intrants de la CV riz local (PINOR, 2014) :

- *Crédits d'intrants insuffisants ;*
- *Existence de cas d'impayés et de non-remboursement* ;

- *Absence de relations d'affaire avec les opérateurs privés pour garantir l'approvisionnement en intrants ;*
- *Aucune garantie d'approvisionnement régulier dans le temps.*

Le graphique suivant présente l'évolution des coûts des intrants de 2009 à 2013.

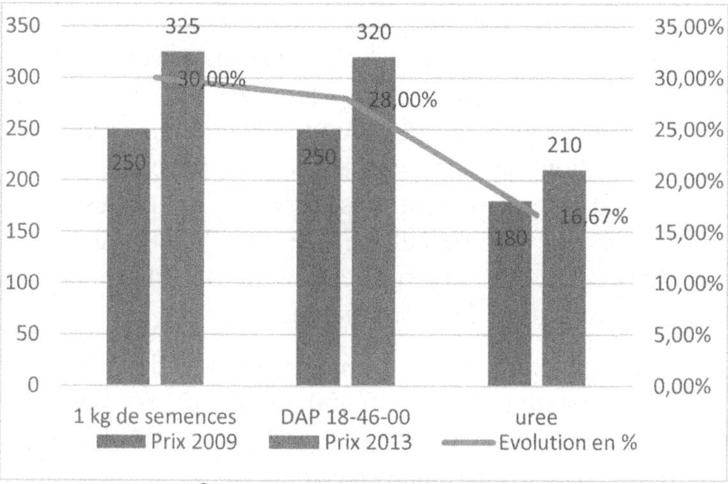

Graphique 1 : Évolution coûts des intrants

Source : compte d'exploitation riz (SAED 2009), compte d'exploitation (CGER 2013) et calcul de l'auteur

Cette statistique nous fait remarquer que le prix d'1 kg de semences certifiées est passé de 250 F CFA en 2009 à 325 en 2013 soit 30 %. Concernant les engrais, pour le DAP 18-46-00 (NPK)[2], on constate également une augmentation respectivement de 250 à 320 F CFA sur le même horizon, soit 28 %. L'urée de son côté a également augmenté de 180 à 210 respectivement de 2009 à 2013 soit 16,6 %.

[2] N-Azote (18 %), P-Phosphore (46 %) et K- Potassium (00 %).

Pendant le même temps, le prix du riz blanc n'a connu qu'une hausse de 19,05 % (de 210 F CFA/kg de 2009 à 250F/kg en 2013).

II- Production

Le contexte actuel est donc favorable à une redynamisation durable de la production rizicole dans la VFS avec la création de nouvelles variétés de riz pour l'Afrique (NERICA), les variétés SAHEL, etc. Cette redynamisation pourrait être envisageable avec une production à coût minimal si plusieurs grandes contraintes étaient levées, dont principalement : le crédit des producteurs en approvisionnements en intrants, l'augmentation des surfaces exploitées dépendant de la capacité d'investissement des producteurs privés et la rentabilité de la riziculture de la VFS qui passe principalement par une protection de la filière et une bonne organisation de la production.

Avec des objectifs fixés à une production de 1 600 000 tonnes de paddy, soit 1 080 000 tonnes de riz blanc, le Sénégal s'est lancé un immense défi pour 2017, celui d'atteindre l'autosuffisance en riz.

Selon les statistiques de la BCEAO (Banque Centrale des Etats de l'Afrique de l'Ouest), la production de paddy au Sénégal a varié de 391 270 tonnes à 527 520 tonnes de 2008 à 2013, c'est-à-dire que pour atteindre l'autosuffisance en riz il faudrait à l'horizon 2017 une augmentation de production à la hauteur de 198,34 % de 2013 à 2017 (voir le tableau 2).

Tableau 4 : Évolution de la production de paddy au Sénégal

Années	Production de riz paddy/t	Variation en %
2008	408 219	
2009	391 270	-4,15 %
2010	604 040	54,38 %
2011	439 300	-27,27 %
2012	627 520	42,85 %
2013	536 300	-14,54 %
Prév. 2017	**1 600 000**	**198,34 %**

Source : Base de données BCEAO (http://edenpub.bceao.int/index.php « accessed 16 October 2014 ») et calcul de l'auteur

Cependant, au niveau de la VFS, cette partie de la CV qui va de la préparation de sol à la récolte est le maillon crucial dans la mise en place d'une stratégie financière visant la minimisation des coûts du riz local. Une bonne politique de production avec un coût minimal entraîne une minimisation du prix du riz local sur le marché. La plupart des informations techniques utilisées dans les sections qui suivent proviennent du manuel de la riziculture (SAED, 2011).

II.1- Travail du sol

L'objectif principal du travail du sol est de créer un environnement favorable pour la germination, la croissance et le développement de la plante. Le travail du sol nécessite principalement les opérations suivantes : le labour et/ou l'offsétage, le hersage et le planage.

Avec la pratique de la double culture du riz, intensifiée ces dernières années avec l'avènement du Programme National d'autosuffisance en riz (PNAR), certains producteurs, par moment, ensemencent leurs parcelles sans les labourer.

Cette pratique est induite par un retard de semis en saison sèche chaude, qui entraîne souvent un retard dans la mise en place des cultures d'hivernage.

Cette pratique appelée « *zéro labour* » est occasionnée par l'impossibilité des tracteurs d'intervenir à cause des pluies précoces qui inondent les parcelles.

« La pratique du « zéro labour» est déconseillée en riziculture dans la VFS. Elle ne permet pas d'optimiser les rendements et sa répétition fréquente favorise le développement des adventices vivaces et dégrade l'aménagement ». (SAED, 2011)

Ce segment de la CV présente une augmentation des coûts très significative entre 2009 et 2013 pour le travail d'offsétage avec des coûts qui passent de 22 000 FCFA/ha en 2009 à 23 000 FCFA/ha en 2013 soit une augmentation de 4,55 % pour l'offsétage du périmètre, et concernant le labour, les coûts passent de 40 000 FCFA/ha en 2009 à 55 000 FCFA/ha en 2013 pour le labour soit une augmentation de 37,50 % (voir le graphique 2).

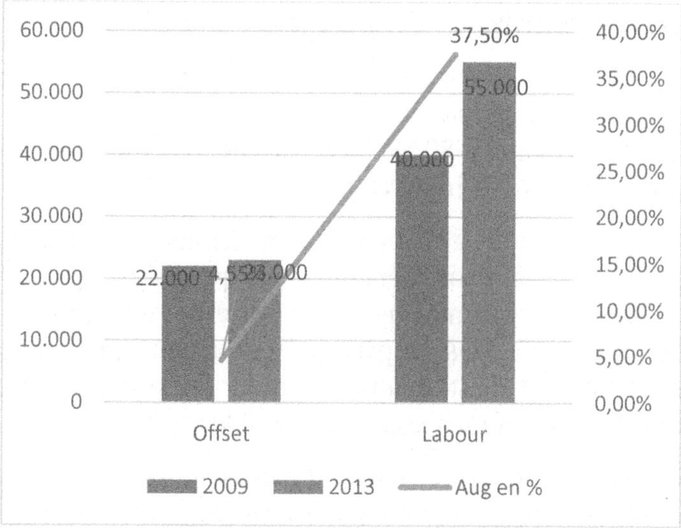

Graphique 2 : Evolution du coût de préparation de la terre/ha/campagne

Source : SAED (compte d'exploitation riz, 2009), CGER (compte d'exploitation riz, 2013) et calcul de l'auteur

L'augmentation des charges de production liées au travail du sol joue de façon directe dans la constitution du prix du riz local sur le marché.

II.2- Semis et irrigation

Pour un secteur rizicole productif, il faut des producteurs professionnels dans des exploitations agricoles modernes, mais cela ne semble pas suffisant car la production peut être rentable, mais pas optimale ; l'optimisation de la production nous renvoie entre autres à une production à coût optimal. Pour cela, dans le cadre de ce travail, nous avons opté pour une analyse approfondie en termes de coûts de tous les intervenants dans les différents segments de la CV. Les opérations semis et irrigation font partie des opérations les plus coûteuses de la riziculture dans la VFS.

II.2.1- Semis

On appelle semence (de riz) des graines de riz viables, dotées d'une pureté variétale et d'un taux de germination au moins égaux à 80 %, indemnes de maladies, de graines d'adventices et d'impuretés.

Le paddy « tout venant » utilisé comme semence a un pouvoir germinatif généralement pauvre, contient des adventices, des mélanges de variétés, qui créent une hétérogénéité dans la parcelle, entraînant une baisse du rendement et de la qualité du grain. Il est donc conseillé d'utiliser des semences certifiées (SAED, 2011).

Le repiquage et le semis direct sont les deux modes d'implantation des cultures utilisés en riziculture irriguée dans la VFS.

II.2.1.1- Repiquage

Le repiquage consiste à faire pousser d'abord le riz à une forte densité sur une aire réduite, appelée pépinière, et ensuite à planter les jeunes plants à un âge et à une taille déterminés sur la parcelle de production.

Ce mode d'implantation a pour avantage de réduire la quantité de semence utilisée.

En tenant compte de ces informations, nous allons analyser dans les lignes qui suivent les coûts de semence par rapport à la taille de la superficie, les charges liées à la fertilisation de la pépinière et à la main-d'œuvre de repiquage.

II.2.1.1.1- Coûts des semences par rapport à la taille de la superficie (en repiquage)

L'analyse de ces coûts nous renvoie à une vérification de leur variation par rapport à la taille de la superficie à repiquer.

Si nous nous référons aux informations extraites du manuel de la riziculture irriguée de la SAED et au coût des semences déjà analysé plus haut, nous constatons que, pour une superficie d'1 ha, il faut une superficie de la pépinière de 200 m^2, ce qui nécessite une quantité de semences de 30 à 40kg, soit une moyenne de 35 kg/200 m^2 pour repiquer 1 ha.

Le prix de la semence certifiée s'élève à 325 FCFA/kg, ce qui entraîne une charge totale en semence moyenne/ha de 11 375 FCFA.

II.2.1.1.2- Fertilisation de la pépinière

D'après les spécialistes, la fertilisation de la pépinière est rarement nécessaire dans les conditions de la VFS. Cependant, lorsqu'on se trouve dans des conditions de sols pauvres et/ou en saison sèche, chaude, durant laquelle les plants séjournent longtemps en pépinière, il est recommandé d'apporter en couverture une faible fumure azotée, environ deux semaines après les semis (environ 10 g d'urée par m^2).

Donc sachant que le prix de l'urée est de 210 FCFA/kg, nous pouvons estimer le coût de fertilisation d'une pépinière de 200 m^2 qui nécessite 2 kg d'urée pour le repiquage d'1 ha à 420 FCFA.

II.2.1.1.3 – Main-d'œuvre en repiquage

Ce mode d'implantation nécessite une main-d'œuvre estimée entre 30 à 40 hommes/jour/ha.

Donc, nous sommes partis sur le champ vérifier si cette estimation était toujours valable et enquêter sur le coût de la main-d'œuvre par personne/ha.

Ainsi, nous avons obtenu des informations par le biais des ouvriers enquêtés sur les sites de Ndiaye, affirmant une rémunération moyenne de 2 000 F CFA par jour.

Si nous basons nos analyses sur la quantité moyenne de la main-d'œuvre nécessaire, la charge totale/jour/ha, s'élève donc à 70 000 FCFA.

❖ *Avantages et inconvénients du repiquage*

Tableau 5 : Avantages et inconvénients du repiquage

Avantages	Inconvénients
✓ **Économie d'eau** ✓ **Économie de semence** ✓ **Désherbage facilité**	- **main-d'œuvre importante** - **cycle allongé**

Source : SAED, 2011

II.2.1.2- Semis direct

Le semis direct consiste à semer directement les semences dans la grande parcelle de production.

Il existe plusieurs méthodes de semis direct. Le semis direct à la volée (avec des graines prégermées) est la méthode la plus utilisée dans la VFS. Le semis peut s'effectuer sur boue comme sous une faible lame d'eau (SAED, 2011).

II.2.1.2.1- Coûts de la semence par rapport à la taille de la superficie en semis direct

Ce mode de semis nécessite une quantité de semences variant entre 80 et 120 kg par hectare et est fonction de la qualité des semences utilisées. Cette quantité doit être revue légèrement à la hausse si la prédation est forte dans la zone de culture (rats, oiseaux granivores).

Pour analyser ces charges, nous avons estimé la quantité moyenne de semences/ha et avons ainsi obtenu une estimation du coût des semences par hectare.

Sachant que le prix des semences certifiées s'élève à 325 FCFA/Kg, la quantité moyenne nécessaire pour une superficie d'1 ha est de 100 kg donc la charge totale des semences est de 35 500 FCFA/ha.

Ce mode de semis présente plus de nécessité en termes de quantité de semences que le mode repiquage.

II.2.1.2.2- Main-d'œuvre en semis direct

Cette opération nécessite plusieurs personnes qui synchronisent leur action pour couvrir parfaitement la superficie à ensemencer. La distance entre les semeurs doit être telle que les graines jetées couvrent l'espace entre eux, sans se chevaucher.

Les semeurs doivent éviter que les semences tombent du container (sac le plus souvent), ce qui occasionne l'accumulation de grandes quantités de semences sur une surface réduite. Ils doivent prendre soin de limiter la quantité qu'ils portent pour faciliter leur déplacement et éviter que les semences ne tombent.

D'après la SAED, pour une surface d'1 ha, le semis nécessite 5 personnes pour 1 ha/jour. Nous avons enquêté sur leur rémunération et les résultats nous montrent un montant de 2 000 F.CFA/personne/jour. Alors une charge par hectare de 10 000 F.CFA.

Ce mode de semis est moins coûteux, mais il est exposé à des risques énormes.

❖ *Avantages et inconvénients du semis direct*

Tableau 6 : Avantages et inconvénients du semis direct

Avantages	Inconvénients
✓ Main-d'œuvre réduite ✓ Cycle raccourci	- Dépense de semence - Désherbage difficile - Risques (rats, oiseaux granivores)

Source : SAED, 2011

II.2.2- Irrigation

Dans le cadre de la politique de désengagement de l'État, la SAED transfère la responsabilité de la gestion et de l'entretien des grands aménagements aux paysans usagers regroupés dans les organisations paysannes dénommées « Unions Hydrauliques ». Ce transfert qui a commencé en 1990 se traduit notamment par un transfert des charges.

Le montant de la redevance hydraulique facturée par la SAED aux producteurs était de 41 000 F/ha. Après le transfert et avant la dévaluation, la redevance était comprise entre 50 000 et 55 000 F/ha. Après dévaluation, ce montant a augmenté de 58,54 % avec un coût variant entre 60 000 et 65 000 F CFA/ha/production.

Le coût d'irrigation/ha varie maintenant entre 70 000 et 90 000 F CFA, soit une augmentation de 23,08 %.

L'augmentation globale donc a été de l'ordre de 95,12 %, de 1990 à 2013 (voir le tableau 2).

Tableau 7 : Irrigation/ha

Irrigation/ha			
Années	**1990**	**2001**	**2013**
Prix en F CFA/ha	41 000	65 000	80 000
Aug. en %		58,54 %	23,08 %
Aug. globale en %		*95,12 %*	

Source : SAED, 2001, Compte d'exploitation riz CGER 2013, enquête et calcul de l'auteur

II.3- Entretien (désherbage et chasse d'oiseaux)

L'objectif de tout investissement, c'est de pouvoir à la fin de l'exercice couvrir la totalité des charges, par la totalité des produits et avoir une marge bénéficiaire (une production rentable). Pour atteindre cet objectif, dans le cadre de la riziculture de la VFS, la phase d'entretien est très importante pour une bonne récolte. Malgré l'importance de ce segment, cela ne signifie pas l'exclusion d'une politique visant à minimiser les coûts qu'il supporte.

II.3.1- Désherbage

Les mauvaises herbes constituent l'une des contraintes majeures à la riziculture irriguée dans la VFS. Elles entrent en compétition avec le riz pour les éléments nutritifs du sol, l'eau, la lumière et l'air. Les adventices sont également des plantes hôtes d'insectes nuisibles et de maladies transmissibles au plant de riz. Elles servent d'abris aux prédateurs tels que les oiseaux et les rats.

Au niveau de la VFS, on trouve deux modes de désherbage : le désherbage manuel et le désherbage chimique.

II.3.1.1- Désherbage manuel

Le désherbage manuel est possible et relativement facile dans le cas de repiquage et de semis en ligne. Il permet l'utilisation de la houe rotative, de la daba, de la binette ou d'autres instruments traditionnels. Le désherbage manuel bien que mobilisant une main-d'œuvre importante s'avère très efficace, surtout contre les adventices pérennes à bulbes ou stolons.

L'utilisation de la sarcleuse rotative permet non seulement de juguler les adventices, mais aussi d'aérer le sol, pour un meilleur enracinement et un meilleur tallage.

Cette opération entraîne des charges en termes de main-d'œuvre de 2 à 10 ouvriers/jour/ha avec une rémunération moyenne mensuelle de 1 400 F CFA. Cette variation s'explique par rapport aux conditions du champ à désherber.

La charge par hectare en moyenne (entre 2 à 10 ouvriers) s'élève à 8 400 F CFA.

II.3.1.2- Désherbage chimique

Cette méthode de lutte contre les mauvaises herbes est de plus en plus utilisée en Afrique de l'Ouest ; elle peut être efficace, économique et relativement facile à exécuter.

Au niveau de la VFS, nous constatons une prédominance de trois (3) produits Londax, Propanil et Weedone.

Pour une superficie d'1 ha, il faut un flacon de 100g de Londax, 8 litres de Propanil et 1 litre de Weebdone.

Le tableau ci-après présente la charge totale en herbicide/ha.

Tableau 8 : Charges herbicides/ha

Désignation	Quantité	Prix unitaire en F CFA	Montant total en FCFA
Londax	Flacon 100g	8 000	8 000
Propanil	8 litres	3 000	24 000
Weedone	1 litre	4 000	4 000
Total herbicide/ha			**36 000**

Source : compte d'exploitation riz (CGER 2013) et calcul de l'auteur

Nous remarquons sur le tableau ci-dessus que la charge totale en herbicide/ha s'élève à 36 000 F CFA. En effet, cette charge est répartie en 100 g de Londax dont le prix s'élève à 8 000 F CFA, en huit (8) litres de Propanil qui font en total 24 000 F CFA et en 1 litre de Weedone à 4 000 F CFA.

II.3.2- Chasseurs d'oiseaux

Les oiseaux constituent une contrainte majeure à la riziculture dans la VFS. Les attaques sont parfois très sévères et peuvent entraîner l'abandon de la rizière par le producteur.

La lutte contre les oiseaux granivores n'est pas une chose aisée ; elle doit viser le maintien de la population des granivores à un seuil gérable par le gardiennage des champs tout en maintenant l'équilibre de l'écosystème.

Au niveau de la parcelle, de l'épiaison des grains jusqu'à la récolte, la présence physique s'impose, avec utilisation d'éléments sonores, de lance-pierres, d'épouvantails etc.

Ce segment dont les charges sont en général supportées sur 33 jours entraîne des coûts très significatifs pour la riziculture de la VFS.

La charge totale par hectare, au niveau de la VFS, est estimée en moyenne à 92 400 F. CFA. Elle s'explique par une quantité de main-d'œuvre (gardiens d'oiseaux), de deux (2) personnes/ha avec une rémunération moyenne mensuelle, de 1 400 F CFA/personne/jour.

II.4- Récolte et battage

La récolte et le battage constituent des opérations décisives pour garantir une bonne productivité. Mal effectuées, elles peuvent compromettre tous les efforts consentis depuis la préparation du sol, ce qui peut également influer sur la qualité du produit sur le marché.

Ces opérations prennent beaucoup de temps aux producteurs et constituent des postes très coûteux sur la structure des coûts de production du riz irrigué dans la VFS.

II.4.1- Récolte

La récolte est l'opération qui consiste à faucher le riz à maturité soit manuellement soit mécaniquement.

« Une récolte à temps maximise la production et permet de récolter un paddy de qualité garantissant un bon coefficient de transformation et une bonne répartition granulométrique. Une récolte tardive entraîne des pertes dues aux oiseaux granivores, à l'égrenage et fournit un paddy de mauvaise qualité » (SAED, 2011).

II.4.1.1- Récolte manuelle

La récolte manuelle est fastidieuse et prend beaucoup de temps ; il faut 15 à 20 personnes pour récolter un hectare par jour. Les pertes à la récolte sont relativement élevées (en fonction des variétés et de l'état de la culture) mais peuvent être significativement réduites en effectuant la récolte à temps. Dans les cas de récolte tardive, les pertes peuvent facilement atteindre 15 à 20 % de la production.

En termes de coût, ce segment nécessite une quantité de main-d'œuvre variant de 15 à 20 personnes, soit une moyenne de 17.5 avec une rémunération de 5 000 F CFA/jour/ha, entraînant une charge totale de 87 500 F CFA/ha.

II.4.1.2- Récolte mécanique

Les moyens mécaniques utilisés sont nombreux ; parmi eux la moissonneuse-batteuse est la plus rencontrée en riziculture irriguée. Les faucheuses et la mini-moissonneuse-batteuse, en phase d'expérimentation par AfricaRice, pourraient potentiellement occuper une place importante dans le mode de récolte dans la VFS, particulièrement au niveau des petites exploitations.

La moissonneuse-batteuse est en mesure potentiellement de récolter et de battre 7 à 8 hectares par jour, les performances enregistrées dans la Vallée du Fleuve dépassant rarement 4 hectares par jour. Elle tombe souvent en panne et les pièces de rechange sont chères et pas toujours disponibles.

Les taux de pertes enregistrés sont élevés et peuvent facilement dépasser les 15 % si la variété s'égrène facilement, si le riz est versé ou si le terrain n'est pas bien plané.

Depuis 2008, année de démarrage de la GOANA (Grande Offensive Agricole pour la Nourriture et l'Abondance), de nouveaux équipements de récolte ont fait leur apparition dans la Vallée du Fleuve Sénégal. Il s'agit surtout d'une faucheuse en provenance de Chine introduite par des personnes privées.

La stipulation de prix de prestation se fait par négociation, avec un pourcentage/ha variant de 15 % à 20 % de la récolte (d'après Malick N'DIAYE, entrepreneur et fabricant des matériels agricoles, et gérant de l'entreprise AGRITECH).

Nous avons estimé ce coût par rapport à la rentabilité moyenne/ha estimée au niveau de la VFS à 6 t (SAED, 2011). Sachant que le prix moyen de paddy s'élève à 127 F CFA/kg, le coût total de la prestation est estimé à 114 300 F CFA/ha.

II.4.2- Battage

Le battage est l'opération qui consiste à séparer le grain du son sans l'endommager. Il peut s'effectuer manuellement, comme de façon mécanique.

II.4.2.1- Battage manuel

Le battage manuel se fait en général avec des fléaux ou sur fût vide, il est surtout utilisé au niveau des petites exploitations. C'est une opération très pénible qui nécessite beaucoup de main-d'œuvre ; elle est estimée à 10 personnes/ha avec une rémunération moyenne de 3 000 F CFA/jour/ha, soit un coût total de 30 000 F CFA/jour/ha.

II.4.2.2- Battage mécanique

Le battage mécanique est effectué soit par les moissonneuses-batteuses soit par les batteuses à poste fixe (ASI)[3]. Il est recommandé dans les grandes exploitations.

---

[3] ASI est une batteuse dont le premier prototype a été importé de l'IRRI (International Rice Research Institute) et adapté dans les conditions de production du riz, dans la Vallée du Fleuve Sénégal, dans le cadre d'une collaboration entre l'ADRAO (actuel AfricaRice),

Il est rapide et indispensable en riziculture intensive. Cependant, dans le choix des équipements, les facteurs socio-économiques doivent être pris en compte afin de mieux s'insérer dans les systèmes de production des paysans (impact, service après-vente, ergonomie, coût d'acquisition et de prestation etc.).

La batteuse ASI, récemment introduite dans la Vallée du Fleuve, présente en plus de ses performances très intéressantes (rendement horaire), peu de risques de clivage du fait de son système de battage à flux axial. Elle est dotée d'un système de ventilation qui lui permet de fournir un produit propre, ne nécessitant aucune opération de vannage (NDIAYE *et al.* 2012).

Ce mode de récolte entraîne un coût estimé à 76 000 F CFA/ha. Nous avons estimé ce coût en tenant compte du terme de contrat prédominant dans la riziculture de la VFS, qui stipule un payement de 10 % de la récolte, sachant que le rendement moyen /ha au niveau de la VFS est de 6 000t/ha (SAED, 2012) et que le prix moyen de paddy est de 127 F CFA/kg.

III- Transformation

La transformation du riz a pour but de débarrasser les grains de paddy de leurs enveloppe afin de les rendre consommables sous la forme de riz blanc.

Pour le segment transformation de la chaîne de valeur du riz, l'enjeu est de taille, car au-delà de la problématique liée à la condition de transformation, se pose le problème d'un manque à gagner causé par la technologie de décorticage.

---

la SAED et l'ISRA. La première lettre des sigles de ces trois structures a été utilisée pour former le nom.

Si nous nous référons aux objectifs fixés pour l'autosuffisance en riz au Sénégal à l'horizon 2017, la prévision de la production de paddy est de 1 600 000 tonnes soit 1 080 000 tonnes de riz blanc (PRACAS, 2014). Selon cette prévision, nous supposons un rendement d'usinage (transformation paddy-riz blanc) de 67,5 %, c'est-à-dire que sur 100 kg de paddy, on obtient 67,5 kg de riz blanc. On peut donc constater l'importance de ce segment sur la rentabilité du riz blanc.

La réalité du marché rizicole impose une offre diversifiée de riz de qualité pour construire un avantage concurrentiel sûr, en investissant tous les anneaux de la chaîne, la conjoncture mondiale rendant difficile l'orientation stratégique qui conduirait à cet avantage par la maîtrise des coûts de production. Par contre, les acteurs de la chaîne ont la possibilité de l'orienter vers la satisfaction des besoins du consommateur.

Pour cela, nous avons opté pour une analyse des coûts et des performances des deux acteurs de la transformation du paddy qui se trouvent au sein de la VFS, à savoir les décortiqueuses traditionnelles (DT) et les mini-rizeries (MR).

III.1- Décortiqueuses traditionnelles (DT)

Les DT sont des machines souvent fabriquées par des artisans locaux ; cette technologie est restée populaire jusqu'à maintenant parce qu'elle est simple, facile à manipuler et que son coût est raisonnable.

Ce mode de décorticage présente un coût peu élevé et accessible aux paysans locaux, mais on constate une différence de kilos paddy-riz blanc très élevée. Cependant, cette différence est comblée par la vente du « son » avec un prix variant entre 30 et 45 F CFA/kg.

III.1.1- Rendement au décorticage

Le calcul et l'analyse du rendement d'usinage sont très simples, car la quantité de paddy pris sur la base de calcul est de 100 kg, ce qui fait que le rendement d'usinage revient au même que la quantité du riz blanc obtenu ; la formule de calcul est la suivante :

$$\frac{\text{POIDS DE RIZ BLANC}}{\text{POIDS DE PADDY}} \times 100 = \text{RENDEMENT A L'USINAGE (\%)}$$

Les données recueillies de l'enquête ont été analysées avec le logiciel SPSS, qui nous donne le tableau d'analyse statistique suivant :

Tableau 9 : Rendement au décorticage avec DT

Désignation	Min.	Max.	Moyenne
Année d'installation	1995	2014	
Capacité de la machine kg/h	100	600	**350,00**
Quantité de riz blanc obtenue pour 100 kg de paddy	40	50	**47,88**
Facturation de la transformation en F CFA/kg	7	11	**8,13**
Prix de la vente de son en F CFA/kg	30	45	**36,00**

Source : l'auteur

Par rapport aux résultats obtenus de l'analyse statistique, nous constatons que les décortiqueuses traditionnelles ont une capacité de transformation qui varie entre 100 et 600 kg/h avec une moyenne de décorticage de 350 kg/h.

Nous ne décrirons pas tous les détails techniques de ces équipements mais nous rappellerons leurs principes de fonctionnement qui, malgré leur simplicité, permettent de faire un réglage sur le ratio de blanchissage au choix du client, ce qui jouera sur la quantité de son et de riz blanc à obtenir. Ainsi, les données recueillies de l'enquête et analysées nous montrent une moyenne de 47,88 kg de riz blanc obtenu pour 100 kg de paddy.

Nous constatons qu'en 2011 le prix variait de 7 à 8 F CFA/kg, mais il y avait plus de prix fixés à 7 F CFA/kg. En 2012 malgré la présence du prix à 11 F CFA/kg qui vient de faire sa rentrée, le prix à 7 F continue d'être plus fréquent suivi par le prix à 8 F CFA/kg. En 2013, avec l'absence du prix à 7 F CFA/kg, le prix à 8 F devient plus fréquent.

Le prix du son varie par rapport à la zone, ce qui peut être expliqué par sa demande venant de la production animale ou industrielle.

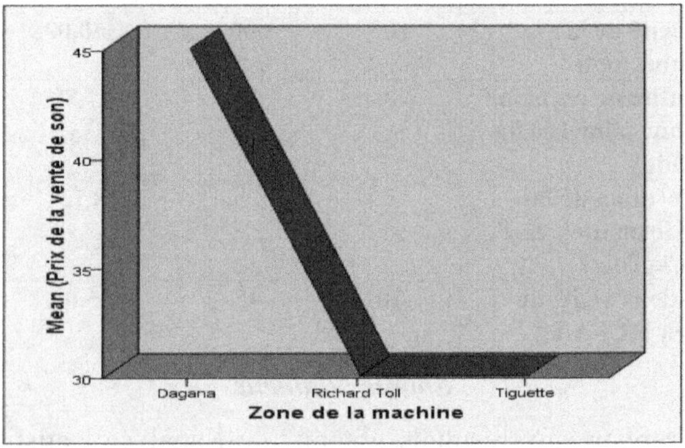

Graphique 3 : Prix de vente du son par zone

Source : l'auteur

Le prix du son à Dagana est plus élevé (45 F CFA/Kg) qu'à Richard-Toll et Tiguette (30 F CFA/kg).

III.1.2- Capacité d'usinage

La transformation artisanale du paddy au moyen de petites décortiqueuses villageoises (décortiqueuse Engelberg[4]) s'est fortement développée au cours de cette dernière décennie. Ce secteur artisanal, aujourd'hui en plein essor, doit cependant être amélioré, car la qualité du travail réalisé (rendement d'usinage, homogénéité des grains, ratio de blanchissage, taux de brisure,…) reste très souvent médiocre.

Ces machines de faible capacité, vu leur nombre au niveau de la VFS, arrivent à couvrir une bonne partie des besoins en décorticage du paddy dans la zone. La capacité d'usinage est analysée en moyenne des DT enquêtées ; le tableau ci-après donne la statistique portant sur l'heure de machine/jour, la quantité de paddy blanchi/jour, le nombre de sacs de 50 kg produits/jour et le temps de transformation de 100 kg de paddy/minute.

Tableau 10 : Capacité d'usinage en DT

Désignation	Min	Max	Moyenne
Heures de machine/jr	6	12	**8,25**
Quantité moyen de paddy blanchi/kg/jr	600	6000	**2887,50**
Nombre de sacs de 50kg produits/jr	20	100	**43,75**
Temps de transformation de 100kg de paddy/minute	5	10	**7,88**

Source : l'auteur

Selon ces statistiques, nous constatons que les DT ont un temps minimal de fonctionnement par jour de 6 heures, le

[4] La *décortiqueuse Engelberg* utilise des rouleaux d'acier pour enlever le riz de son enveloppe.

temps maximal étant de 12 heures la moyenne d'heures de machine par jour de 8 heures et 15 minutes. Ces heures d'usinage permettent d'effectuer une transformation variant de 600 à 6 000 kg de paddy, avec une moyenne de 2 8887, 50 kg de paddy, ce qui donne une quantité de riz blanc minimale par jour de 20 sacs de 50 kg (1 t) et maximale par jour de 100 sacs de 50 kg (5 t), soit une moyenne de 43,75 kg/jour (2,2 t). Le temps de transformation minimal de 100 kg de paddy s'élève à 5 minutes et maximal à 10 minutes, ce qui donne une moyenne de 7 minutes et 53 secondes/100 kg de paddy.

Malgré le but de cette étude (minimiser le coût du riz local sur le marché), nous sommes également conscient des exigences et des préférences des consommateurs locaux vis-à-vis de ce produit, ce qui exclut toute politique qui peut éventuellement renvoyer la qualité du riz local à la baisse. Pour cela, nous avons considéré certains critères de qualité comme la propreté du riz blanchi, l'homogénéité des grains, le ratio de blanchiment et pourcentage de grains entiers.

Nous avons posé quatre (4) niveaux d'appréciation dans cette enquête : très bon, bon, moyen et mauvais.

❖ Propreté du riz blanchi

Tableau 11 : Propreté du riz blanchi en DT

Propreté	**%**
Très bonne	12,5
Bonne	37,5
Moyenne	50,0
Total	**100,0**

Source : l'auteur

Parmi les DT enquêtées, nous avons trouvé 12,5 % des machines présentant une capacité de production en terme de propreté de riz blanchi « très bonne », suivie pas 37,5 % des résultats « bonne » et 50 % des résultats « moyenne », aucune machine ne présentant une propreté de riz blanchi « mauvaise ». Mais les résultats suggèrent que beaucoup d'efforts restent à faire pour améliorer la qualité du travail des DT pour qu'une plus grande proportion les considère comme bonnes ou très bonnes machines.

❖ Homogénéité du grain

Tableau 12 : Homogénéité du grain en DT

Homogénéité	**%**
Bonne	75,0
Moyenne	25,0
Total	**100,0**

Source : l'auteur

Concernant l'homogénéité du grain, nous avons constaté qu'aucune des DT enquêtées ne présentait ni le niveau « très bien », ni le niveau « mauvais », alors la base de calcul des pourcentages se fait sur la somme de l'ensemble des DT présentant le niveau « bon » et « moyen ». Cependant, parmi eux nous avons trouvé 75 % et 25 % présentant un niveau « bon » et « moyen » respectivement.

❖ Ratio de blanchiment

Tableau 13 : Ratio de blanchiment en DT

Ratio	**%**
Bon	50,0
Moyen	50,0

Total	**100,0**

Source : l'auteur

Ce ration souvent réglé selon la préférence du client ne présente pas plus ni le niveau « très bon » ni le niveau « mauvais » et nous avons constaté une répartition des pourcentages à parts égales de 50 % entre le niveau « bon » et le niveau « moyen ».

❖ Pourcentage de grains entiers

Tableau 14 : Pourcentage de grains entiers en DT

Niveau	%
Bon	62,5
Moyen	37,5
Total	**100,0**

Source : l'auteur

Il est à souligner ici que :

- Le niveau très bon : Quantité de grains entiers largement supérieure à la quantité de brisures ;
- Le niveau très bon : Quantité de grains entiers supérieure à la quantité de brisures ;
- Le niveau moyen : Quantité de grains entiers égale ou légèrement supérieure à la quantité de brisures ;
- Le niveau mauvais : Quantité de grains entiers inférieure à la quantité de brisures

Le résultat de l'enquête présenté dans le tableau ci-dessus, montre l'absence des niveaux « très bon » et « mauvais », et une répartition de pourcentages des machines enquêtées de 62,5 % présentant un niveau « bon » et de 37,5 % présentant un niveau « moyen ».

III.1.3- Dépenses de fonctionnement et frais d'entretien

La section dépenses de fonctionnement regroupe toutes les dépenses nécessaires au fonctionnement des services d'une institution, c'est-à-dire les dépenses qui reviennent régulièrement chaque année.

Dans le cadre de notre étude, il s'agit pour les transformateurs des postes suivants :

- Charges de personnel : Main-d'œuvre pour les opérateurs et main-d'œuvre pour le personnel de soutien
- Autres charges de gestion courante : Carburant, lubrifiant et électricité.

Les frais d'entretien correspondent à des travaux ayant pour objet de maintenir ou de remettre un équipement ou un matériel en bon état et d'en permettre un usage normal, conforme à sa destination, sans en modifier la consistance, l'agencement ou l'équipement initial. Concernant nos études, nous avons listé les postes suivants :

- Réparation par soudure ;
- Réparation du tamis ;
- Réparation de mortier ;
- Vidange ;
- Rechange de tamis ;
- Rechange de segments ;
- Rechange de courroies.

Pour ce qui concerne les DT, les résultats obtenus de l'enquête nous permettent de calculer les moyennes des différents postes et de les présenter dans le tableau ci-dessous :

Tableau 15 : Dépenses de fonctionnement et d'entretien pour une DT

Décortiqueuse Traditionnelle				
Désignation	**Unité**	**Prix par unité**	**Quantité / nombre**	**Montant moyen en F CFA**
Les dépenses de fonctionnement (A)				**9 001 560**
Carburant	Litre	790	120	94 800
Lubrifiant	Litre	2 200	60	132 000
Électricité		400 000	12	4 800 000
Main-d'œuvre pour les opérateurs		765 000	3	2 295 000
Main-d'œuvre pour le personnel de soutien		839 880	2	1 679 760
Frais d'entretien (B)				**86 922**
Réparation par soudure		10 643	1	10 643
Réparation du tamis		5 150	7	36 050
Réparation de mortier				
Vidange				
Rechange de tamis	Pièce	540	7	3 564
Rechange de segments	Pièce	10 000	1	10 000
Rechange de courroies	Pièce	5 333	5	26 665
Total Annuel (A) + (B)		**9 088 482**		

Source : l'auteur

Selon ces chiffres, nous constatons que les dépenses de fonctionnement en moyennes sur l'ensemble des DT enquêtées s'élèvent à 9 001 560 F CFA et les frais d'entretien s'élèvent à 86 922 F CFA.

Les dépenses de fonctionnement et les frais d'entretien annuels sont de 9 088 482 F CFA (moyenne sur l'ensemble des DT enquêtées).

III.2- Mini-Rizeries (MR)

La technologie du type asiatique est partie de l'industrie européenne pour proposer des améliorations au niveau du décorticage en introduisant le décorticage avec des rouleaux en caoutchouc et le blanchiment à deux niveaux : un blanchiment par friction et un blanchiment abrasif. Le nettoyage du paddy, la séparation du riz cargo et du paddy sur une table de séparation et le triage du riz par tamis et cylindre à alvéoles sont parties intégrantes de cette technologie.

Malgré sa facturation élevée (comparée aux DT) pour les clients, ce mode de transformation présente de nombreux avantages, parmi lesquels on trouve la différence de kilo paddy-riz blanc très réduite et la qualité élevée du riz blanc.

III.2.1- Rendement au décorticage

Dans la VFS, le rendement à l'usinage pour ce mode de transformation est estimé entre 65 et 67 % selon la qualité du paddy.

Nous avons utilisé la même formule que précédente pour le calcul du rendement d'usinage.

L'analyse statistique faite avec le logiciel SPSS nous donne le tableau ci-après :

Tableau 16 : Rendement au décorticage en MR

Désignation	Min.	Max.	Moy.
Année d'installation	**1992**	**2009**	
Capacité de la machine kg/h	1000	3500	1833,33
Quantité de riz obtenu/100kg de paddy	65	67	66,33
Facturation de transformation en F CFA/kg	16	16	16,00

Source : l'auteur

Selon ces analyses, nous vérifions que les MR présentent une capacité de transformation de 1000 kg (1 t) à 3 500 kg (3,5 t)/heure, soit une moyenne de 1 833,33 kg (1,83) t/heure.

Ce mode de transformation présente une faible différence de kilo paddy-riz blanc ; avec 100 kg de paddy, on obtient entre 65 et 67 kg de riz blanc, ce qui donne une moyenne de 66,33 kg/heure.

L'analyse statistique nous montre une harmonie des prix de transformation (16 F CFA).

Ce mode de transformation ne donne pas de son commercialisable.

III.2.2- Capacité d'usinage

La capacité d'usinage des MR est très élevée malgré leur nombre réduit au niveau de la VFS (par rapport aux DT).

Ces équipements sont complétés par un système de ventilation et de classification (tarare) qui sépare la balle de riz du riz cargo. La balle de riz est évacuée dans un silo de réception ou directement à l'extérieur de la rizerie. Elle peut servir pour la consommation, la vente (si emportée par le client) ou de source d'énergie (séchoirs, fours à briques). Mais elle est parfois répandue autour des rizeries sans autre utilisation.

Le tableau suivant nous présente l'analyse statistique de certaines capacités de production en moyenne sur l'ensemble des MR enquêtées :

Tableau 17 : Capacité d'usinage en MR

Désignation	Min.	Max.	Moy.
Heure de machine/jr	2	10	6,67
Quantité moyenne de paddy blanchi/kg/jr	12 00 0	63 000	33 333,33
Nombre de sacs de 50kg produit/jr	250	700	483,33
Temps de transformation de 100kg de paddy/minute	1	8	3,33

Source : l'auteur

D'après ces statistiques, le nombre minimum d'heures de fonctionnement journalier de la machine est de 2 heures et le maximum est de 10 heures, soit une moyenne de 6 heures et 16 minutes/jour. Ces heures machine permettent d'effectuer une production variant entre 12 000 kg (12 t) et 63 000 kg (63 t), soit une moyenne de 33 333,33 kg (33,3 t) de paddy blanchi par jour. Le nombre de sacs de 50 kg de riz blanc produit par jour varie en moyenne de 250 (12,5 t) à 700 (35 t) sacs. Cependant, le temps de transformation de 100 kg de paddy varie de 1 à 8 minutes, soit une moyenne de 3 minutes et 33 secondes.

La qualité du riz blanc produit par les MR est évaluée selon les critères présentés plus haut (cf. Décortiqueuses Traditionnelles).

❖ Propreté du riz blanchi

Tableau 18 : Propreté du riz blanchi en MR

Propreté	**%**
Très bonne	66,7
Bonne	33,3
Total	**100,0**

Source : l'auteur

Les statistiques nous montrent une forte fréquence du niveau « très bon » concernant la propreté du riz blanchi chez les MR enquêtées avec 66,7 % et une faible fréquence de 33,3 % des MR présentant un niveau « bon » de propreté du riz blanchi. On note l'absence des niveaux « moyen » et « mauvais » dans le tableau, ce qui montree qu'aucune des MR enquêtées ne présente ni la qualité moyenne, ni la qualité mauvaise pour ce qui concerne la propreté du riz blanchi.

❖ Homogénéité du grain

Tableau 19 : Homogénéité du grain en MR

Homogénéité	**%**
Très bonne	66,7
Bonne	33,3
Total	**100,0**

Source : l'auteur

Concernant l'homogénéité du grain, nous constatons une fréquence statistique de 66,7 % des MR enquêtées présentant un niveau « très bon » et 33,3 % un niveau « bon », en absence des niveaux « moyen » et « mauvais ».

❖ Ratio de blanchissage

Tableau 20 : Ratio de blanchissage en MR

Ratio	%
Très bon	66,7
Bon	33,3
Total	**100,0**

Source : l'auteur

Nous constatons dans le tableau ci-dessus que 66,7 % des MR enquêtées présentent un « très bon » niveau de ratio de blanchissage tandis que 33,3 % de celles-ci présentent un niveau « bon » de ce même ratio. Nous notons également l'absence des deux niveaux, « moyen » et « mauvais ».

❖ Pourcentage de grains entiers

Nous remarquons l'absence des niveaux « Bon », « Moyen » et « Mauvais ». Ainsi, 100 % des MR enquêtées présentent un niveau « Très bon » concernant le pourcentage de grains entiers.

NB : Les critères de qualification pour le pourcentage de grains entiers sont identiques avec ceux des DT (*cf. Capacité d'usinage des DT, pourcentage de grains entiers*).

III.2.3- Dépenses de fonctionnement et frais d'entretien pour une MR

Pour les MR, nous avons analysé les mêmes postes de dépenses de fonctionnement et frais d'entretien que pour les DT.

L'usine de décorticage de paddy sous étude a une importante capacité de production. Dans le souci de réduire le coût de production du produit fini (riz blanc) visé dans ce travail, nous allons observer les différents postes de dépenses afin de dégager une politique visant leur réduction.

Il est question, dans cette section, d'évaluer les coûts essentiels pour le fonctionnement de l'usine en commençant par les dépenses de fonctionnement pour poursuivre avec les frais de réparations.

Tableau 21 : Dépenses de fonctionnement et frais d'entretien pour une MR

Mini-Rizerie				
Désignation	**Unité**	**Prix par unité**	**Quantité / nombre**	**Montant moyen en F CFA**
Les dépenses de fonctionnement (A)				**51 481 920**
Carburant				
Lubrifiant	litre	2 200	600	1 320 000
Electricité		2 150 000	12	25 800 000
Main-d'œuvre pour les opérateurs		960 120	16	15 361 920
Main-d'œuvre pour le personnel de soutien		900 000	10	9 000 000
Frais d'entretien (B)				**5 148 000**
Réparation par soudure		42 500	6	255 000
Réparation du tamis		55 000	9	495 000
Réparation de mortier		75 000	12	900 000
Vidange				
Rechange de tamis	Pièce	40 000	18	720 000
Rechange de segments	pièce	75 000	10	750 000
Rechange de courroies	Pièce	26 000	78	2 028 000
Total annuel (A) + (B)			**56 629 920**	

Source : l'auteur

Le tableau ci-dessus présente en moyenne sur l'ensemble des MR enquêtées une analyse chiffrée des différents postes de dépenses de fonctionnement et les frais d'entretien.

Nous pouvons constater, que les dépenses de fonctionnement chez les MR s'élèvent à 51 481 920 F CFA et les frais d'entretien constatés à 5 148 000 F CFA, ce qui fait une dépense totale annuelle de 56 629 920 F CFA (moyenne sur les MR enquêtées).

IV- Commercialisation

La commercialisation du riz permet de réaliser le transport de ce produit du lieu de production au lieu de consommation. C'est donc une série d'activités interconnectées impliquant plusieurs acteurs.

Ce segment de la CV paraît très important, car l'objectif final de l'activité de production du riz dans la Vallée du Fleuve Sénégal est de dégager un surplus destiné à la commercialisation.

Nous analysons son organisation, ainsi que ses différents coûts de l'approvisionnement jusqu'à la vente, en passant par le stockage.

Les deux principaux intervenants analysés selon la structure de ce marché sont : les grossistes et les détaillants.

IV.1- Grossistes

Le commerce de gros ou commerce interentreprises correspond à l'ensemble des entreprises (allant des TPE/PME aux grands groupes internationaux) qui achètent et/ou vendent des biens et des services exclusivement à d'autres entreprises ou acheteurs professionnels.

Ce mode de commerce est qualifié de « B to B » (*Business to Business*). Un grossiste est une entreprise servant d'interface entre le fournisseur primaire (producteur) et les nombreux clients professionnels qui utilisent ses produits.

Dans le cadre de cette étude, nous avons analysé les interventions dans l'approvisionnement, le stockage et la vente.

IV.1.1- Approvisionnement

La chaîne de valeur de la commercialisation du riz local au niveau de la VFS présente des caractéristiques spécifiques par rapport à d'autres secteurs agricoles, car dans ce segment on trouve la commercialisation du paddy et du riz blanc ainsi que deux acteurs (grossistes et détaillants) pour chaque commerce.

Compte tenu de sa spécificité, nous avons décidé de faire les analyses suivantes concernant le paddy et le riz local.

- ❖ Source d'approvisionnement du paddy

Tableau 22 : Source d'approvisionnement du paddy pour le grossiste

Source	%
Champs/fermes	70,0
Non attribuée	30,0
Total	**100,0**

Source : l'auteur

Les statistiques données dans le tableau ci-dessus montrent que 70 % des grossistes achètent le paddy (dans les champs/fermes), soit pour le décorticage et la vente du riz blanc après décorticage, soit pour la revente. Nous constatons également que 30 % des grossistes n'achètent s le paddy ni pour le décorticage et la vente du riz blanc, ni pour la revente, car ils commercialisent exclusivement le riz blanc.

❖ Source d'approvisionnement du riz local blanchi

Tableau 23 : Source d'approvisionnement du riz local blanchi pour le grossiste

Source	**%**
Villages	40,0
Non attribuée	60,0
Total	**100,0**

Source : l'auteur

De ces données, nous constatons que 40 % des grossistes achètent le riz blanc pour le revendre dans le même village que celui de son installation. Ces données nous montrent également une fréquence de 60 % des grossistes qui n'achètent pas le riz blanc pour le revendre, c'est-à-dire, qu'ils achètent le paddy pour le décorticage et la revente du riz blanc.

❖ Fréquence d'approvisionnement du paddy

Tableau 24 : Fréquence d'approvisionnement du paddy pour le grossiste

Fréquence	**%**
Chaque jour	28,6
Hebdomadaire	42,9
Tous les deux mois	14,3
Autres	**14,3**

Source : l'auteur

Concernant les paddy achetés, soit pour le décorticage soit pour la vente du riz blanc, nous notons une fréquence d'approvisionnement journalier de 28,6 % et une fréquence d'approvisionnement hebdomadaire de 42,9 %. Concernant les achats mensuels, nous observons qu'aucun grossiste enquêté ne les effectue ; il y a 14,3 % des grossistes enquêtés qui effectuent un approvisionnement bimestriel ; d'ailleurs on trouve, 14,3 % des grossistes effectuant l'approvisionnement lorsque c'est nécessaire.

- Fréquence d'approvisionnement du riz blanc

Tableau 25 : Fréquence d'approvisionnement du riz blanc pour le grossiste

Fréquence	%
Hebdomadaire	10,0
Autres	30,0
Non attribuée	60,0
Total	**100,0**

Source : l'auteur

Selon ces statistiques, nous constatons l'absence des fréquences d'approvisionnement journalier, mensuel et bimestriel. Cependant, il y a 10 % des grossistes qui approvisionnent chaque semaine et 30 % lorsque c'est nécessaire.

Nous remarquons sur ce tableau que 60 % des grossistes enquêtés ne sont pas concernés par cette opération (ils achètent le paddy pour le décorticage et la vente du riz blanc).

Les objectifs de cette étude nous obligent à analyser en détail les coûts supportés pour chaque segment de la CV pour cela, nous nous sommes également intéressé à l'analyse des coûts de transport liés à l'approvisionnement.

Tableau 26 : Distances d'approvisionnement et coût de transport pour le grossiste

Désignation	Min.	Max.	Moy.
Quantité moyenne de riz local approvisionné/kg (A)	1500	2000	1625,00
Quantité moyenne de paddy approvisionné/kg (B)	1000	15 000	6085,71
Distance entre la maison et le lieu d'achat du riz local/km (A)	25	50	43,75
Distance entre la maison et le lieu d'achat du paddy/km (B)	5	50	29,29
Coût moyen de transport du riz local en F CFA (A)	10 500	12 000	10 875,00
Coût moyen de transport du paddy en F CFA (B)	4500	90 000	22 357,14

Source : l'auteur

- A : Statistiques concernant le riz blanc
- B : Statistiques concernant le paddy

Commentaire pour A : Nous avons remarqué dans ces statistiques que la quantité minimale approvisionnée (par jour de marché) est de 1 500 kg (1,5 t) et la quantité maximale de 2 000 kg (2 t), soit une moyenne sur l'ensemble des grossistes enquêtés de 1 625 kg (1,625 t). La distance séparant le lieu d'achat et le lieu de stockage est de 43,75 km (moyenne sur l'ensemble des grossistes enquêtés). Le coût moyen de transport est de 10 825 F CFA.

Commentaire pour B : La quantité minimale de paddy approvisionnée est de 1 000 kg (1t), alors que la quantité maximale est de 15 000 kg (15 t), soit une quantité moyenne de 6 085,17 kg (6,08517 t). La distance moyenne entre le marché d'approvisionnement et le marché de vente (ou usine de décorticage) de paddy est de 29,29 km.

À cause de cette distance, ce segment supporte un coût moyen de transport de 22 357,14 F CFA.

Le prix d'achat du paddy et du riz blanc varie selon la période (période d'activité intense, période d'activité moyenne et période de faible activité).

Le tableau ci-après présente en moyenne l'ensemble des périodes d'activité :

Tableau 27 : Prix d'achat par périodes en F CFA pour le grossiste

Désignation	Min.	Max.	Moy.
Prix d'achat du riz local en période d'intense activité (A)	9000	10 000	9750,00
Prix d'achat du riz local en période d'activité moyenne (A)	9500	11 000	10 625,00
Prix d'achat du riz local en période de faible activité (A)	10 000	12 000	11 500,00
Prix d'achat du paddy en période d'intense activité (B)	7000	8000	7500,00
Prix d'achat du paddy en période d'activité moyenne (B)	7500	11 000	9700,00
Prix d'achat du paddy en période de faible activité (B)	12 000	15 000	12 900,00

Source : l'auteur

A : Statistique concernant le riz blanc (Sac de 50 kg)

B : Statistique concernant le paddy (Sac de 80 kg)

Commentaire pour A : Nous constatons une variation de prix d'achat du riz blanc en période d'intense activité entre 9 000 F CFA minimum et 10 000 F CFA maximum, soit une moyenne, de 9 750 F CFA. En période d'activité moyenne on note une légère augmentation de cette valeur, avec un prix minimal de 9 500 F CFA et un prix maximal de 11 000, ce qui donne une moyenne de 10 625 F CFA. Pour conclure, en période de faible activité, le prix minimal s'élève à 10 000 F CFA et le prix maximal à 12 000 F CFA, la moyenne sur l'ensemble des grossistes enquêtés étant de 11 500 F CFA.

En conséquence, ces statistiques nous montrent que la loi du marché est bel et bien présente sur ce secteur. En premier lieu, en période d'intense activité avec une offre très élevée, le prix connaît une baisse. Puis, en période d'activité moyenne, il connaît une hausse (de 9 750 à 10 625 F CFA). En dernier lieu, en période de faible activité, avec la diminution de l'offre, il évolue (de 10 625 à 11 500).

IV.1.2- Stockage

Le segment stockage de la CV commercialisation du riz local présente un manque à gagner dont la réduction pourra entraîner une réduction du prix du riz sur le marché, en partant sur la base que le prix d'un produit résulte de l'addition du coût de revient et de la marge bénéficiaire. La réduction du coût de stockage entraine une réduction du coût de revient, et donc une réduction du prix de sortie du bien (prix de vente du riz blanc).

Ces coûts sont analysés dans le tableau suivant

Tableau 28 : Coût de stockage en F CFA pour le Grossiste

Désignation	Min.	Max.	Moy.
Quantité du riz local stocké/kg (A)	800	7500	2590,00
Durée minimale de stockage de riz local (A)	1	10	5,10
Durée maximale de stockage de riz local (A)	5	120	74,00
Estimation de perte pendant le stockage de riz local en % (A)	0	2	0,80
Quantité de paddy stocké/kg (B)	1000	15 000	6371,43
Durée minimale de stockage de paddy/Jour (B)	1	60	15,43
Durée maximale de stockage de paddy/Jour (B)	2	120	49,57
Estimation des pertes pendant le stockage de paddy en % (B)	0	10	4,00

Source : l'auteur

A : Statistique concernant le riz blanc

B : Statistique concernant le paddy

Commentaire pour A : Les informations données par le tableau ci-dessus, nous montrent que la quantité moyenne de riz blanc stocké est de 2 590 kg (2,59 t). Elle a une probabilité d'évacuation (vente) minimale d'un (1) jour et maximale de dix (10) jours, soit une moyenne de jours de stockage de 5,10 jours, c'est-à-dire cinq (5) jours et deux (2) heures. L'acte de stockage entraine une probabilité de perte de kilogrammes de 0,8 % sur la quantité stockée.

Commentaire pour B : Concernant le paddy, les statistiques nous montrent une quantité moyenne stockée de 6 371,43 kg (6,37143 t). Le paddy stocké a la probabilité moyenne minimale de sortie (soit pour la revente, soit pour le décorticage) de 15,43 jours (15 jours et 10 heures) et maximale de 49,57 (49 jours et 14 heures). Contraste, le stockage peut entrainer une perte de 4 % sur la quantité moyenne stockée.

En outre, nous nous sommes également intéressé aux entraînés par l'acte de stockage et l'achat de l'emballage

❖ Emballage

Observons le graphique suivant :

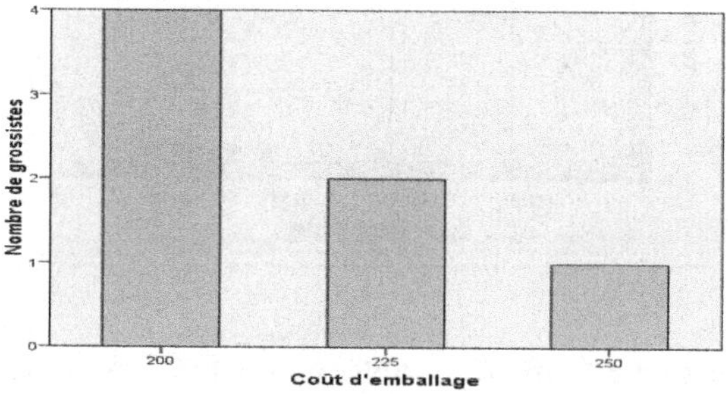

Graphique 4 : Coût d'emballage du riz blanc en F CFA

Source : l'auteur

L'analyse du graphique nous montre une variation du coût d'emballage (sac vide de 50 kg) de 200 à 250 F CFA. De cette analyse, nous constatons une forte fréquence du prix fixé à 200 F CFA suivi de 225 F CFA ; le prix à 205 F CFA est peu applicable.

❖ Coût de stockage

Observons le graphique suivant :

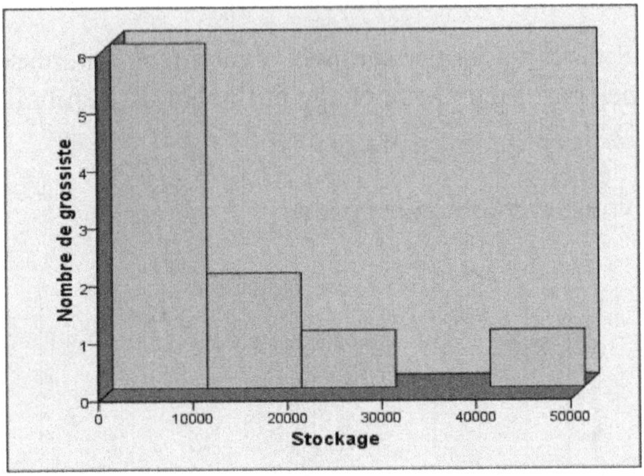

Graphique 5 : Coût de stockage en F CFA pour le grossiste

Source : l'auteur

Selon les informations tirées du graphique, nous remarquons une variation du coût de stockage de 10 000 F CFA à 50 000 F CFA. En conséquence, nous constatons une forte applicabilité du coût à 10 000 F CFA, suivi du coût à 20 000 F CFA ; ensuite nous notons une applicabilité constante des coûts entre 30 000 F CFA à 50 000 F CFA.

IV.1.3- Vente

La vente est un ensemble d'actions menées par un vendeur, dont la finalité est de conclure un marché avec un client.

Ainsi, de cette définition nous comprenons que l'accès au marché entraîne bel et bien des coûts dont la réduction pourra contribuer à une baisse du prix du riz local sur le marché.

Tableau 29 : Distance entre le Principal Marché d'Approvisionnement (PMA) et le Principal Marché de Vente (PMV) et coût de transport pour le Grossiste

Désignation	Min.	Max.	Moy.
Distance séparant PMA et PMV en km	10	50	31,50
Temps de déplacement entre PMA et PMV/minute	15	45	27,50
Poids moyen transporté par voyage en kg	1000	15 000	4810,00
Coût moyen de transport par voyage	4500	90 000	16 100,00

Source : l'auteur

La distance moyenne entre le PMA et le PMV est de 31,50 km. Sur cette distance, la durée moyenne du temps de voyage estimée est de 27 minutes et 30 secondes. Par contre, le poids moyen transporté par voyage est de 4 810 kg (4,810 t). En conséquence, cette opération entraîne un coût moyen par voyage estimé à 16 100 F CFA.

En outre, nous avons également fait un aperçu sur les aspects du marché, afin de pouvoir comprendre le circuit de distribution de celui-ci.

❖ Distribution du riz blanc

Le concept B to B est vérifié chez les grossistes, c'est-à-dire que l'ensemble de leurs clients sont des détaillants (échange interentreprises).

❖ Distribution de paddy

L'ensemble des grossistes de paddy vendent leur produit aux transformateurs.

Le prix de vente du riz blanc varie selon l'activité ; nous pouvons observer des statistiques suivant l'évolution des prix par période :

Tableau 30 : Prix de vente par période en F CFA pour le grossiste

Désignation	Min.	Max.	Moy.
Prix de vente du riz local en période d'intense activité (A)	8500	11 000	9725,00
Prix de vente du riz local en période d'activité faible (A)	9500	14 000	12 800,00
Prix de vente du riz local en période d'activité moyenne (A)	9000	12 500	10 950,00
Prix de vente du paddy en période d'intense activité (B)	7500	8000	7750,00
Prix de vente du paddy en période d'activité moyenne (B)	8500	9500	9000,00
Prix de vente du paddy en période d'activité faible (B)	9500	11 500	10 500,00

Source : l'auteur

A : Statistique concernant le riz blanc (Sac de 50 kg)

B : Statistique concernant le paddy (Sac de 80 kg)

Commentaire pour A : Les informations tirées du tableau nous montrent une variation de prix de vente du riz blanc de 8 500 F CFA (minimum) à 11 000 F CFA (maximum) en période d'intense activité, soit une moyenne de 9 725 F CFA. En période d'activité moyenne, les prix varient de 9 000 F CFA minimum à 12 500 F CFA maximum chez les grossistes, ce qui nous donne une moyenne sur l'ensemble des grossistes de 10 950 F CFA. Pour terminer, en période de faible activité, nous remarquons une moyenne de

12 800 F CFA, venant d'un prix minimal de 9 500 F CFA et d'un prix maximal de 14 000 F CFA.

IV.2- Détaillants

Contrairement au commerce de gros, le commerce de détail est le maillon final de la chaîne de distribution. Le détaillant se distingue ainsi du grossiste par sa double activité :

- Achat des produits auprès d'un fournisseur, d'un producteur ou d'un importateur, soit directement ou par l'intermédiaire d'un grossiste.
- Revente de la marchandise à l'unité ou par petites quantités à un client (consommateur).

Dans le cadre de cette étude, nous avons décidé de faire les mêmes analyses que pour les grossistes, c'est-à-dire : approvisionnement, stockage et vente.

Il est à préciser ici qu'il n'y a pas de vente de paddy au détail ; donc toutes les analyses porteront sur le riz blanc.

IV.2.1- Approvisionnement

Les détaillants du segment de la commercialisation du riz blanc, sont les derniers intervenants entre les producteurs et les consommateurs.

La préoccupation de tout commerçant, c'est de pouvoir acheter à un coût optimal, c'est-à-dire le moins cher possible. Pourtant, la solution pour optimiser le coût d'achat nous renvoie à une optimisation de toutes les contraintes de ce segment (où, quand et comment acheter ?).

Observons les statistiques suivantes

- ❖ Source d'approvisionnement du riz blanc

Tableau 31 : Source d'approvisionnement du riz blanc pour le détaillant

Désignation	%
Villages	62,5
Marché local	31,3
Non attribuée	6,3
Total	**100,0**

Source : l'auteur

Nous constatons dans cette statistique que 62,5 % des détaillants enquêtés achètent le riz blanc pour la revente dans le même village que celui de leur installation. Le tableau nous montre également la fréquence de 31,3 % des détaillants qui achètent le riz dans le marché local (marché urbain). Nous remarquons la présence de 6,3 % des détaillants qui ne sont pas concernés par cette opération (achat et revente du riz blanc), c'est-à-dire qu'ils achètent le paddy pour le décorticage et la vente du riz blanc.

- Fréquence d'approvisionnement du riz blanc

Tableau 32 : Fréquence d'approvisionnement du riz blanc pour le détaillant

Désignation	%
Chaque jour	31,3
Hebdomadaire	18,8
Mensuelle	43,8
Non attribuée	6,3
Total	**100,0**

Source : l'auteur

Selon les données du tableau, on note une fréquence d'approvisionnement journalier chez les détaillants de 31,1 %. Ces statistiques nous montrent également que 18,8 % des détaillants enquêtés achètent hebdomadairement. Nous constatons une forte fréquence d'achat mensuel de 43,8 %. Parmi les détaillants, 6,3 % ne sont pas concernés par cette opération ; ils achètent le paddy pour le décorticage et la revente du riz blanc.

L'acte d'approvisionnement entraîne également des coûts de transport qui varient selon la distance et le poids de marchandise.

Tableau 33 : Distance d'approvisionnement et coût de transport pour le détaillant

Désignation	Min.	Max.	Moy.
Quantité moyenne du riz local approvisionné en kg	100	2500	1034,25
Distance entre la maison et le lieu d'achat du riz local en km	1	100	34,27
Coût moyen de transport du riz local en FCFA	1250	17 50 0	8027,27

Source : l'auteur

Le tableau ci-dessus nous montre que la quantité moyenne de riz blanc transporté, sur l'ensemble des détaillants enquêtés, est de 1 034,25 kg (1,03425 t), soit une quantité minimale de 100 kg et une quantité maximale de 2 500 kg (2,5 t). Pour cette quantité, la distance moyenne parcourue pour l'approvisionnement est de 34,27 km. En conséquence, le coût moyen de transport supporté est de 8 027 27 F CFA.

Comme pour les grossistes, le prix d'achat du riz blanc chez les détaillants varie aussi selon la période d'activité.

Tableau 34 : Prix d'achat par période (sac de 50 kg) en F CFA pour le détaillant

Désignation	Min.	Max.	Moy.
Prix d'achat du riz local en période d'intense activité	7000	12 000	9484,38
Prix d'achat du riz local en période d'activité moyenne	8000	13 000	10 406,25
Prix d'achat du riz local en période de faible activité	9000	14 000	11 132,81

Source : l'auteur

Ces statistiques nous montrent que, sur l'ensemble des détaillants enquêtés, nous avons une moyenne des prix d'achat du riz local en période d'intense activité de 9 484,38 F CFA. Ce prix a connu une hausse jusqu'à 10 406,25 F CFA en période d'activité moyenne. Cette progression continue en période de faible activité avec un prix moyen de 11 132,81 F CFA. Les détaillants ont donc intérêt à maintenir leur marge bénéficiaire fixe pour ne pas grever leur revenu. Si l'objectif du détaillant est de contenir la concurrence, la stratégie consistera à renoncer à une part de sa marge et donc à réduire son revenu potentiel.

IV.2.2- Stockage

Le coût de stockage du riz blanc chez les détaillants peut varier selon la durée et la quantité stockée.

Tableau 35 : Coût de stockage pour le Détaillant

Désignation	Min.	Max.	Moy.
Quantité de riz local stocké en kg	250	8000	1662,50
Durée maximale de stockage de riz local	10	150	55,94
Durée minimale de stockage de riz local	1	20	6,50
Estimation de perte pendant le stockage de riz local en %	0	6	0,88

Source : l'auteur

Le tableau d'analyse statistique nous montre que la quantité minimale stockée chez les détaillants est de 250 kg (0,250 t) et la quantité maximale de 8 000 kg (8 t), ce qui fait une moyenne de 1 662,50 kg (1,66250 t). Cette quantité stockée a une durée moyenne maximale de 55 jours et 23 heures (55,94 jours) et une durée moyenne minimale de 6 jours et 12 heures. Nous avons constaté que, pendant le stockage, la probabilité de perte est de 0,88 % sur l'ensemble de kilogrammes stockés.

Cependant, nous constatons que le coût de stockage varie de 0 à 20 000 F CFA, selon le graphique suivant :

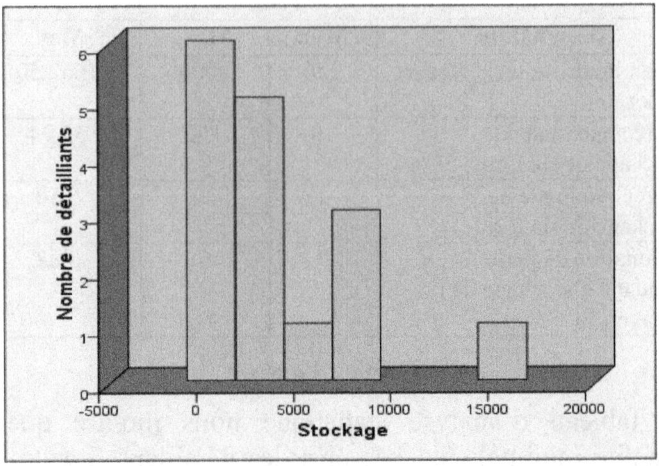

Graphique 6 : Coût de stockage en F CFA pour le détaillant

Source : l'auteur

Il y a une forte fréquence de zéro (0) coût de stockage, c'est-à-dire les détaillants qui ne supportent pas ce coût. Par contre, il y a également une présence considérable de ceux qui supportent un coût variant de 1 à 5 000 F CFA. Nous remarquons une hausse de fréquence un peu après le coût à 5 000 F CFA, entre 7 000 et 9 000 F CFA. Le graphique nous montre l'absence des coûts de stockage variant de 9 001 F CFA à 14 000 F CFA. Pour terminer, nous pouvons remarquer dans le graphique une présence du coût à 15 000 F CFA.

IV.2.3- Vente

Le segment vente du riz de la VFS supporte des coûts de l'accès au marché que nous analysons comme suit :

Tableau 36 : Distance entre le Principal Marché d'Approvisionnement (PMA) et le Principal Marché de Vente (PMV) et coût de transport pour le détaillant

Désignation	Min.	Max.	Moy.
Distance séparant PMA et PMV/km	1	70	18,71
Temps de déplacement entre PMA et PMV/minute	10	50	20,36
Poids moyen transporté par voyage/kg	200	15 000	2592,86
Coût de transport en F CFA	0	42 000	9775,00

Source : l'auteur

La statistique relative au coût d'accès au marché de vente présenté dans le tableau ci-dessus nous montre que la distance séparant le PMA et le PMV varie de 1 à 70 km, distances minimale et maximale relativement, soit une distance moyenne de 18,71 km. Pour cette distance, le temps de parcours moyen est de 20 minutes et 36 secondes. Cependant, le poids moyen transporté par voyage s'évalue à 2 592,86 kg (2,59286 t), ce qui entraîne un coût moyen de transport de 9 775 F CFA, variant de zéro (0) au maximum à 42 000 F CFA, et au maximum.

Les études menées auprès de seize (16) détaillants dans le Delta de la VFS montrent que les principaux clients de ces derniers sont des consommateurs.

Nos enquêtes nous montrent que l'ensemble des détaillants enquêtés vendent leur riz directement aux consommateurs.

Le prix de vente du riz local varie également selon la période comme le montre le tableau ci-dessous :

Tableau 37 : Prix de vente par période en F CFA pour le détaillant

Désignation	Min.	Max.	Moy.
Prix de vente du riz local en période d'intense activité	8500	12 500	10 687,50
Prix de vente du riz local en période d'activité moyenne	10 000	14 000	11 765,63
Prix de vente du riz local en période d'activité faible	12 500	15 500	13 678,57

Source : l'auteur

D'après le tableau, nous notons que le prix moyen de vente du riz local en période d'intense activité s'évalue à 10 687,50 F CFA. Par contre, en période d'activité moyenne, il est de 11 765,63 F CFA. Pour conclure, en période d'activité faible, nous avons un prix moyen de 13 678,57 F CFA.

Les fourchettes des prix sur les différentes périodes sont ainsi composées (voir le graphique suivant) :

Graphique 7 : Fourchette des prix de vente du riz local

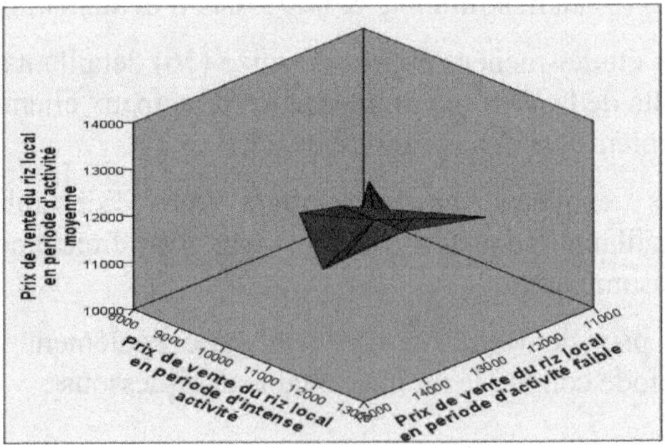

par période en F CFA pour le détaillant

Source : l'auteur

Le graphique ci-dessus nous montre qu'en période d'intense activité nous avons une fourchette de taille six (6), composée de 8 000, 9 000, 10 000, 11 000, 12 000, 13 000. En période d'activité moyenne par contre, la fourchette est de taille cinq (5), composée de 10 000, 11 000, 12 000, 13 000,14 000. Nous avons remarqué une constance en période d'activité faible avec la fourchette de taille cinq (5) ainsi composée : 11 000, 12 000, 13 000, 14 000, 15 000.

CHAPITRE III- RÉSULTATS ET DISCUSSIONS

Nous nous sommes intéressé à la minimisation du coût du riz local sur le marché, que nous avons étudiée à partir de l'analyse des sources de coûts des différents intervenants de la CV.

A partir des analyses réalisées sur quatre blocs d'activité distincts : approvisionnement en intrants, production, transformation et commercialisation, nous avons eu des résultats que nous discutons comme suit

I- Avant production (accès au crédit et approvisionnement en intrants)

Les données analysées plus haut (sauf accès au crédit) nous donnent les résultats suivants concernant les deux activités qui précèdent la production :

I.1- Accès au crédit

L'accès au crédit constitue l'une des contraintes majeures qui posent le plus de problèmes au sein de tous les segments de la CV.

Nous avons enquêté 37 acteurs, dont l'ensemble est composé d'agriculteurs, de transformateurs et de commerçants.

❖ Possibilité d'obtention du crédit

Tableau 38 : Possibilité d'obtention du crédit

Désignation	Nombre d'acteurs	%
Non	21	56,76
Oui	16	43,24
Total	**37**	**100,0**

Source : l'auteur

Les statistiques présentées plus haut montrent que, sur l'ensemble des acteurs, 56,76 % n'ont pas eu de crédit au cours des deux dernières années, et 43,24 % ont eu la possibilité d'en avoir un sur le même horizon.

À propos ce résultat, nous nous sommes également intéressés à la cause de non-obtention du crédit. Après les enquêtes, nous avons remarqué que les causes de non-obtention du crédit sont diverses.

❖ Causes de non-obtention du crédit

Tableau 39 : Causes de non-obtention du crédit

Désignation	**%**
Garantie élevée	35,0
Formalités compliquées	35,0
Autres	30,0
Total	**100,0**

Source : l'auteur

Le tableau ci-dessus nous montre une fréquence de 35 % des acteurs affirmant que la cause de non-obtention du crédit est liée à la garantie élevée exigée par les bailleurs. En outre, 35 % affirment avoir été confrontés à une formalité compliquée lors de la demande d'octroi du crédit. Le tableau nous montre également la présence de 30 % de ceux qui affirment que la cause de non-obtention du crédit est liée à autre chose qu'à la garantie élevée et les formalités compliquées.

Ces statistiques nous montrent une insuffisance de crédits pour relancer ce secteur, bien qu'ils (les crédits) entraînent un coût souvent élevé pour les acteurs.

La garantie élevée et les formalités compliquées (ensemble 70 %) les causes majeures de non-obtention du crédit. En conséquence, si nous partons sur la base que plus la garantie est élevée et les formalités compliquées sur un secteur, cela plus le risque dans ce dernier est élevé. Ces causes montrent le degré élevé de risque de remboursement du crédit que présente le secteur. Parmi les acteurs bénéficiaires du crédit au cours des deux dernières années, nous remarquons également que les sommes obtenues sont faibles compte tenu de l'objectif visé sur l'horizon 2017 (autosuffisance en riz) au Sénégal (Voir le tableau suivant).

Tableau 40 : Montant total du crédit obtenu en F CFA

Désignation	Min.	Max.	Somme
Montant obtenu en 2012	300 000	15 000 000	52 800 000
Montant obtenu en 2013	500 000	15 000 000	100 500 000

Source : l'auteur

En partant de la base que nos échantillons sont représentatifs, nous remarquons que, pour chaque tranche de 37 acteurs de la CV au niveau du Delta de la VFS, 8 ont obtenu un crédit en 2012, pour un montant variant de 300 000 à 15 000 000 F CFA, soit une somme totale de 52 800 000 F CFA. Ensuite, en 2013 le nombre de bénéficiaires sur les 37 acteurs a connu une augmentation en passant de 8 à 16, pour un montant qui variait entre 500 000 et 15 000 000 F CFA, ce qui donne une somme totale de 100 500 000 F CFA de crédit octroyé sur chaque tranche de 37 acteurs dans la même année et dans le Delta.

Selon le résultat de l'enquête, les sommes obtenues ont servi à financer les dépenses suivantes :

Tableau 41 : Utilisation du crédit obtenu

Désignation	Nombre d'acteurs	%
Fonds de roulement	7	43,75
Fonds de développement	9	56,25
Total	**16**	**100,0**

Source : l'auteur

Parmi les 15 bénéficiaires du crédit, 7 soit 43,75 % des acteurs ont utilisé le montant pour financer les besoins en fonds de roulement. En outre 9, soit 56,25 % l'ont utilisé pour financer leurs besoins en fonds de développement.

Le fonds de roulement (FR) est une notion d'équité du bilan fonctionnel d'une entreprise. Il existe deux niveaux de fonds de roulement : le Fonds de Roulement Net Global (FRNG) et le Fonds de Roulement Financier. Lorsque rien n'est précisé, la notion FR renvoie au FRNG (le cas précis de notre étude). Ce dernier est défini comme l'excédent de capitaux stables par rapport aux emplois durables utilisés pour financer une partie des actifs circulants :

FRNG = Ressources stables et durables - Emplois durables

- Si FRNG est positif nous avons un Excédent Brut d'Exploitation (EBF)
- Si FRNG est négatif nous avons un Besoin en Fonds de Roulement (BFR)

Selon le résultat obtenu, 49,7 % des acteurs ont utilisé le crédit obtenu pour financer leur BFR, ce qui montre un déficit qui à long terme peut entraîner la continuité d'exercice chez les acteurs concernés.

Concernant le crédit pour financer le besoin en fonds de développement, celui-ci répond aux normes et principes financiers de demande de crédit. Ces derniers conseillent le crédit pour financer les projets nouveaux de l'entreprise.

I.2- Approvisionnement en intrants

Les résultats de recherche nous montrent les difficultés que rencontrent les acteurs dans ce segment de la CV.

Outre l'augmentation du prix des intrants, les acteurs rencontrent également des difficultés liées à leur accès tardif voir difficile.

Les pourcentages d'augmentation sont calculés dans les analyses présentées au chapitre III. Cependant, ce résultat nous montre que, dans l'horizon 2009-2013, le prix des semences a évolué de façon beaucoup plus significative (de 250 à 325 F CFA) par rapport aux autres intrants. Ensuite, l'engrais DAP a augmenté dans le même horizon, de 250 à 320. Et en dernière position sur la croissance, nous avons l'urée de 180 à 210 F CFA.

C'est le rythme d'évolution des prix des semences certifiées qui est le plus élevé suivi par l'engrais DAP et l'urée.

Le tableau suivant nous montre le coût total en intrants/ha/campagne :

Tableau 42 : Coût total des intrants en F CFA

Désignation	**Quantité/ha**	**Prix unitaire en FCFA**	**Montant en FCFA**
Semence certifiée	120 kg	325	39 000
Urée	300 kg	210	63 000
DAP (18-46-00)	100 kg	320	32 000
Coût Total/ha/campagne		**134 000**	

Source : l'auteur

Ce segment de la CV présente donc un coût total de 134 000 F CFA/ha/campagne, répartie entre la semence certifiée et les engrais (urée et DAP).

II- Coût de production

Plusieurs critères de choix se présentent aux décideurs pour aboutir à une fonction de coût de production de paddy la plus faible possible. La fonction de coût de production de paddy sera donc :

$$\text{Coût de production de paddy} = \sum_{k=0}^{n} \textit{Coût des opérations} + \textit{Coût des intrants}$$

La réalité de la production rizicole de la VFS ne nous permet pas d'avoir directement le coût des opérations, car dans un même segment nous pouvons avoir deux modes d'exécution avec des coûts différents. Il faut alors faire un choix en se basant sur des critères financiers.

D'après nos résultats de recherche, nous constatons que :

II.1- Coûts de travail du sol

Ce travail constitué principalement de labour et d'offsétage présente un rythme d'évolution des prix entre 2009 et 2013 très inquiétant.

Le coût total des deux services s'élève à 78 000 F CFA.

Ce coût réparti entre le labour et l'offsétage peut ne pas être supporté pour chaque campagne, ce qui dépendra de l'état du sol.

II.2- Coûts de semis (repiquage et semis direct)

Observons le tableau suivant :

Tableau 43 : Coût de semis en F CFA

Désignation	Repiquage	Semis direct
	Coût en F CFA/ha	**Coût en F CFA/ha**
Coût de semence	11 375	35 500
Fertilisation pépinière	420	-
Main-d'œuvre	70 000	10 000
Charge total semis	**81 795**	**45 500**

Source : l'auteur

Nous avons constaté que le repiquage présente un coût total/ha de 81 795 F CFA, tandis que le semis direct coûte 45 500 F CFA/ha.

Dans ce résultat nous avons remarqué que le semis direct présente un avantage en termes de coût par rapport au repiquage.

Les deux modes de mise en place n'influencent pas le rendement, à condition que les normes agricoles soient respectées ; toutefois, le semis direct exige plus de charge d'herbicide pour le désherbage (d'après le Dr NDIYAE).

Selon l'objectif de notre étude, le critère d'Espérance mathématique dans le choix des investissements à coût minimal nous aide à choisir le mode qui favorise la minimisation du coût de paddy.

Nous avons choisi le critère de Laplace[5] pour l'analyse des deux modes de semis afin de déterminer le mode le plus avantageux, car il repose sur le principe dit de la raison insuffisante : Il n'y a aucune raison de croire que la rentabilité du mode repiquage soit plus probable que celle

[5] Pierre-Simon Laplace, mathématicien, astronome et physicien français.

du mode semis direct et réciproquement. Alors, ces évènements peuvent être jugés également probables.

On suppose une probabilité de rentabilité agricole des deux modes égale à 0.5. L'Espérance mathématique sera donc :

$$E(A) = \sum_{k=0}^{n} CT * P(CT)$$

CT = Coût Total de chaque mode

P (CT) = Probabilité liée au rendement de chaque mode

Le choix se fera donc selon le résultat :

$$Min = \sum_{k=0}^{n} CT * P(CT)$$

D'après ce critère, le mode à coût optimal est le Semis Direct.

II.3- Coût de l'irrigation

L'historique de coût de ce segment est présenté en deux (2) phases : avant et après suppression de subvention.

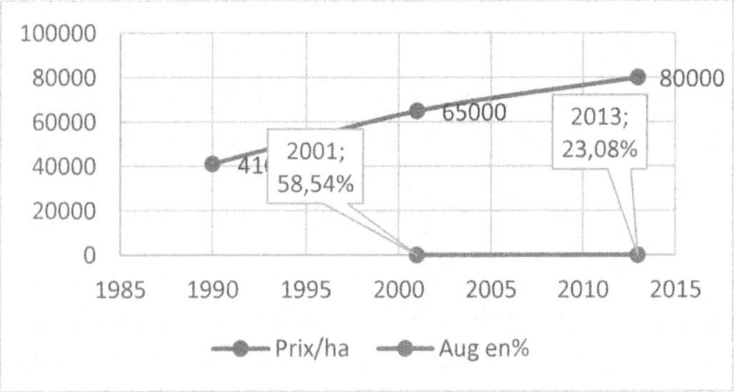

Graphique 8 : Évolution des coûts d'irrigation en F CFA 1990-2001-2013

Source : SAED (2001), enquête sur le terrain et calcul de l'auteur

Les informations du graphique nous montrent qu'après la suppression de la subvention (1990) le coût moyen d'irrigation/ha a augmenté de 58,54 %, de 1990 à 2001. Cette augmentation de coût moyen d'irrigation/ha est continue actuellement et de 80 000 F CFA, soit une augmentation de 23,08 % entre 2001 et 2013. De ce résultat nous concluons que la subvention n'est pas le seul facteur qui influence l'évolution du coût d'irrigation.

II.4- Coût d'entretien (désherbage et chasseurs d'oiseaux)

Le coût de ce segment est réparti entre la charge totale de désherbage/ha/campagne et la charge totale de chasseurs d'oiseaux.

Tableau 44 : Coût d'entretien en F CFA

Désignation	**Quantité nécessaire**	**Durée/ campagne**	**Prix unitaire**	**Montant en F CFA**
Londax	Flacon 100 g	-	8 000	8 000
Propanil	8 Litres	-	3 000	24 000
Weedone	1 Litre	-	4 000	4 000
Main-d'œuvre[6]	6 personnes	-	1 400	8 400
Total désherbage	-	-	-	**44 400**
Chasseurs d'oiseaux	2 personnes	35 Jours	1 400	98 000
Total /campagne/ha	**134 000**			

Source : Compte d'exploitation riz (CGER, 2013) enquête et calcul de l'auteur

La production rizicole de la VFS présente une charge totale d'entretien estimée à 134 000 F CFA/ha/campagne. Cette charge est répartie entre le désherbage et les

[6] Main-d'œuvre correspondant au désherbage chimique et manuel.

chasseurs d'oiseaux, respectivement 44 400 et 98 000 F CFA/ha/campagne.

II.5- Coût de récolte et de battage

Pour ce segment, nous allons comparer les coûts des deux modes de récolte et de battages existant au niveau de la VFS.

Tableau 45 : Comparaison entre récoltes manuelle et mécanique) et entre battages (manuel et mécanique)

Désignation	Récolte manuelle	Battage manuel	Récolte mécanique	Battage mécanique
Coût total/ha en F CFA	**87 500**	**30 000**	**114 300**	**76 000**
Main- d'œuvre/ha	**18 Hommes**	**10 Hommes**	-	-
Durée de travail/ha	**1 jour**[7]	**1 jour**	**1 heure**	**1 heures**
Estimation de perte/ha en %	17,50 %	-	15,00 %	-
Évaluation de perte/ha en F CFA	133 350	-	114 300	-
Coût + Perte en F CFA	**220 850**	**30 000**	**228 600**	**76 000**

Source : l'auteur

De ce tableau, nous remarquons que le coût total de la récolte manuelle est de 87 500 F CFA ; ce travail exige une quantité moyenne de main-d'œuvre de 18 hommes, pour la récolte d'1 ha en un (1) jour. L'estimation moyenne de perte encourt ce mode de récolte est de 17,50 %, évaluée à 133 350 F CFA. Ainsi, le coût additionné avec perte s'élève à 220 850 F CFA.

---

[7] La durée de travail peut être réduite si la main-d'œuvre est plus importante

Les statistiques du tableau nous montrent que le battage manuel a un coût au total 30 000 F CFA, la main-d'œuvre nécessaire pour ce travail étant de 10 Hommes, pour récolter 1 ha en un (1) jour.

Pour ce qui concerne la récolte mécanique, le coût total s'élève à 114 300 F CFA avec une durée moyenne de travail d'1 heure. La perte est estimée à 15 % évaluée à 114 300 F CFA, ce qui donne un coût + Perte de 228 600.

Pour terminer, le battage mécanique présente un coût total de 76 000 F CFA, la durée moyenne de travail étant d'1 heure.

Nous avons constaté de ce résultat que la récolte manuelle présente un avantage comparatif en termes de coût par rapport à la récolte mécanique respectivement 220 850 F CFA et 228 600 F CFA, soit une différence de 7 750 F CFA/ha/campagne. En outre, concernant la durée de travail, la récolte mécanique présente un avantage par rapport à la récolte manuelle avec la durée d'exécution respectivement d'1 heure pour la récolte mécanique d'1 jour pour la manuelle.

Ce résultat nous montre également que le battage manuel est plus avantageux en termes de coût par rapport au battage mécanique avec un coût pour le premier de 30 000 F CFA et pour le second de 76 000 F CFA. Cependant, la durée d'exécution pour le battage manuel est d'1 jour tandis que pour le battage mécanique nous avons une durée d'1 heure.

Le choix du mode optimal de la récolte et du battage devient donc difficile voire conditionné par la taille de la surface agricole à cause de la contrainte horaire.

Le montant de la perte évaluée augmente avec la surface, et le choix pour les modes mécaniques (pour la récolte et le battage) devient de plus en plus intéressant.

Sachant que, par le *critère de Laplace,* le mode semis direct est choisi nous avons donc trois (3) possibilités du coût de production total de paddy :

CT_1 = T (78 000)→ SD (10 000)[8]→ I (80 000)→ E (134 000)→RM_{an}(87 500)→ BM_{an}(30 000)

CT_2 = T (78 000)→ SD (10 000)→ I (80 000)→ E (134 000)→RM_{an}(87 500)→ $BM_{éc}$(76 000)

CT_3 = T (78 000)→ SD (10 000)→ I (80 000)→ E (134 000)→RM_{ec}(114 300)→ $BM_{éc}$(76 000)

Le coût total de la production de paddy sera alors :

CT_1 + Intrants (134 000) = 553 500 F CFA

CT_2+ Intrants (134 000) = 599 500 F CFA

CT_3+ Intrants (134 000) = 626 300 F CFA

CT = Coût de production total de paddy/ha ; T= Travail de Sol ; SD= Semis direct ; I= Irrigation ; E= Entretien (Désherbage et Chasseurs d'oiseaux) ; RM_{an}= Récolte manuelle ; $RM_{éc}$= Récolte mécanique ; BM_{an}= Battage manuel ; $BM_{éc}$= Battage mécanique.

La différence des coûts entre les trois chaînes est causée par l'impossibilité du choix optimal entre les deux modes de récolte et de battage.

Alors pour chaque chaine le coût de paddy/kg sera :

$$\text{Coût paddy/kg} = \frac{CT}{Rendement/ha}$$

Nous simulons les trois cas du rendement/ha au niveau de la vallée, présenté dans le tableau ci-après :

---

[8] Ce montant ne prend pas en compte le coût de la semence car cette charge est déjà incorporée dans le coût des intrants.

Tableau 46 : Coût de production de paddy en F CFA/kg

CT	Rendements	Coût paddy/kg
CT-1	5t	111
	6t	92
	7t	79
CT-2	5t	120
	6t	100
	7t	86
CT-3	5t	125
	6t	104
	7t	89

Source : l'auteur

Les moyennes des CT sont :

CT-1= 94 F CFA

CT-2= 102 F CFA

CT-3= 106 F CFA

D'après ce résultat et compte tenu de la disparité des prix de vente, nous pouvons conclure que les prix sont fixés en fonction des charges supportées.

III- Coût de transformation

La transformation, dans la riziculture, désigne les diverses étapes de « modification » de paddy en riz blanc.

Dans le cadre de notre étude, nous avons fait une comparaison des coûts et des capacités d'usinage des deux acteurs enquêtés du segment de la transformation du riz au niveau du Delta. Tout en reconnaissant que les deux modes de transformation présentent des charges d'usinage différentes, le coût de transformation sera donné par la formule suivante pour chaque mode (DT et MR) :

$$\text{Coût de transformation/1kg de paddy} = \frac{\sum_{k=0}^{n} Charges \; - Produits de\ transformation}{\text{Rendement au décorticage}}$$

III.1- Facturation et rendement au décorticage (DT et MR)

Observons le tableau suivant :

Tableau 47 : Comparaison de rendement DT et MR

Désignation	Moyenne	
	DT	MR
Capacité de la machine kg/h	350,00	1 833,33
Quantité de riz blanc obtenue pour100 kg de paddy	47,88	66,33
Facturation de transformation en F CFA/kg	8,13	16,00
Prix de la vente de son en F CFA/kg	36,00	-

Source : l'auteur

D'après ces résultats, nous remarquons que les DT ont une capacité de décorticage moyenne de 350 kg/heure, tandis que les MR produisent une moyenne de 1 833,33 kg/heure. Cependant, sur 100 kg de paddy transformés, les DT donnent en moyenne 47,88 kg de riz blanc, alors que les MR donnent une moyenne de 66,33 kg de riz blanc. Le coût de transformation est facturé chez les DT à 8,13 F CFA/kg (moyenne sur l'ensemble des acteurs enquêtés) et chez les MR à 16 F CFA/kg. En outre, nous constatons que chez les DT la transformation dégage le son commercialisable à 36 F CFA.

Bien que les MR ne donnent pas le son commercialisable après la transformation et que leur coût soit plus élevé, elles présentent de nombreux avantages en termes de rendement d'usinage par rapport à leurs concurrentes (les DT).

III.2- Capacité d'usinage et qualité du riz transformé (DT et MR)

Les qualités du riz transformé sont présentées dans le tableau ci-après pour les DT et les MR

Tableau 48 : Comparaison qualité du riz DT et MR

Désignation/Qualification	Pourcentage									
	DT					MR				
	Très bon	Bon	Moyen	Mauvais	Total	Très bon	Bon	Moyen	Mauvais	Total
Propreté	12,5	37,5	50	0	100	66,7	33,3	0	0	100
Homogénéité du grain	75	0	25	0	100	66,7	33,3	0	0	100
Ratio de blanchissage	50	0	50	0	100	67,7	33,3	0	0	100
Pourcentage de grains entiers	62,5	0	37,5	0	100	100	0	0	0	100

Source : l'auteur

De ces résultats, on constate un avantage des MR sur les DT pour l'ensemble des facteurs de comparaison.

Chez les MR, la qualité du riz transformé varie entre très bonne et bonne, c'est-à-dire qu'aucune MR enquêtée ne présente des niveaux de qualité de riz ou moyen, ou mauvais. Par contre, on note la présence du niveau de qualité moyenne du riz transformé par les DT avec une forte fréquence. Le coût de transformation/kg de paddy est présenté dans le tableau suivant :

Tableau 49 : Coût de transformation de paddy en F CFA/kg

Mode	Coût de décorticage / kg	Coût de triage / kg	Vente de son	Rendement au décorticage/ kg	Coût total de transformation
DT	8,13	6	2,35	0,4788	24,61
MR	16	0		0,6633	24,12

Source : l'auteur

D'après ce résultat, nous remarquons que le riz blanc produit par les DT n'est pas trié. En conséquence, le coût qui est supporté par le client est de 300 F CFA/sac de 50 kg, soit 6 F CFA/kg ; la charge totale chez les DT sera donc de 14,13 F CFA/kg (8,13+6) ; cette opération donne un produit venant de la vente de son de 2,35 F CFA/kg du paddy transformé, soit un coût de transformation/kg de 24,61 F CFA. Par ailleurs, les MR présentent un coût total de transformation de 24,12 F CFA/kg y compris le triage.

Le prix de vente de son/kg est donné par la formule suivante :

$$Son/kg = (1 - Rendement\ au\ décort. /kg)\ x\ 12{,}5\ \%\ x\ prix\ de\ son/kg$$

- 12,5 % = taux moyen entre 12 % et 15 % : pourcentage de son obtenu après le décorticage[9].
- Prix du son/kg = 36 F CFA.

Le pourcentage de son obtenu après nos enquêtes est contradictoire avec celui du laboratoire qualité grain d'AfricaRice, Saint-Louis. Chez ce dernier, le pourcentage de son varie de 8 à 12 % (TRAORE *et al.*2013).

IV- Constitution du prix et circuit de commercialisation (grossistes et détaillants)

Le coût de distribution pour chaque acteur (grossiste et détaillant) influence directement le prix du riz blanc.

IV.1- Coût de distribution

Le coût de distribution est analysé par la formule suivante :

$$CD = \sum_{n=1}^{\infty} \text{Charge de distribution/kg}$$

Les principales charges que les distributeurs supportent sont : l'emballage (pour les grossistes), le stockage (location et gardiennage pour les grossistes du riz blanc uniquement) et le transport.

Observons le tableau suivant :

Tableau 50 : Coûts de distribution

Acteurs	Transport	Emballage	Stockage	Perte	Coût de distribution	Total charge distribution
Grossistes	6,69	4,50	7,72	20,72	**39,63**	**66,54**
Détaillants	7,76	-	4,51	14,63	**26,91**	

Source : l'auteur

[9] Résultat obtenu après enquête sur le terrain.

Le segment distribution présente un poids très significatif dans la composition du prix du riz sur le marché. Cette charge de 66,54 F CFA/kg du riz est répartie entre les grossistes et les détaillants. On trouve dans ce résultat un élément important à savoir que les pertes de stockage (pour les grossistes et détaillants) constituent le poste de charge le plus élevé, respectivement 20,72 et 14,63 F CFA/kg.

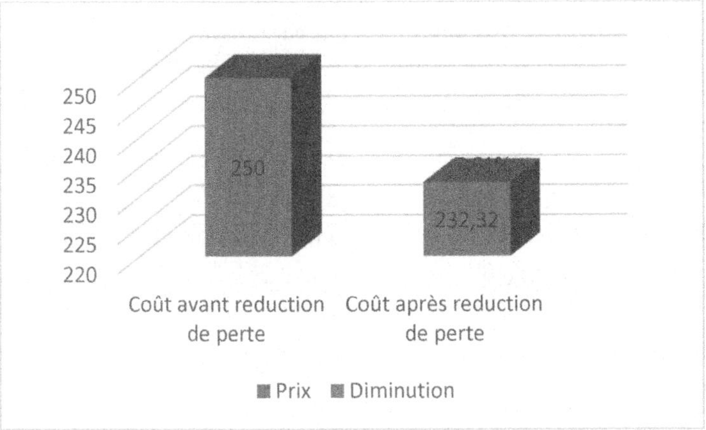

Graphique 9 : Influence de la perte sur le prix du riz

Source : l'auteur

Ce graphique montre que lorsque la perte diminue de 50 % le prix du riz peut baisser de 7,61 %. Il est donc crucial d'envisager une technique visant sa maîtrise.

IV.2- Constitution du prix du riz blanc

Le prix du riz blanc sur le marché est constitué par la marge bénéficiaire et les coûts des trois (3) principaux segments de la CV : production de paddy (production + intrants), coût de transformation et coût de distribution. Le prix est formé selon la formule suivante :

Prix du riz blanc/kg

$$= Coût\ de\ prod.paddy + \frac{\sum Charge\ décort.}{Rend.Décort.} + \sum \text{Charge distrib.} + \text{Marge bénéficiaire}$$

Observons la répartition des charges des segments ainsi que leurs poids en pourcentage dans la constitution du prix final.

Tableau 51 : Composition du prix du riz en F CFA

Segments	Acteurs	Coût en F CFA	Moyenne/ Somme	%
Marge bénéficiaire			58	23,3 %
Coût de distribution	Grossistes	39,63	66,54	26,6 %
	Détaillants	26,91		
Coût de transformation	DT	24,61	24,37	9,8 %
	MR	24,12		
Coût de production de paddy	CT-1	94	101	40,3 %
	CT-2	102		
	CT-3	106		
Prix marché en F CFA		**250**		**100,00 %**

Source : l'auteur

Ce résultat nous montre que le segment production de paddy pèse de 40,3 % sur les charges totales de production du riz blanc. Par ailleurs, le coût de distribution occupe 26,6 % sur l'ensemble des charges du riz blanc et il est causé principalement par les pertes de stockage des deux acteurs du segment (grossistes et détaillants). La transformation par contre coûte 24,37 F CFA sur la production d'1 kg de riz, soit 9,8 % des charges totales. En conséquence, la marge bénéficiaire est de 23,3 %.

Ces chiffres nous montrent la non-maîtrise des coûts de production de paddy, les producteurs se trouvant confrontés à une décision qui, selon l'état de la nature et des évènements, peut leur apporter trois (3) résultats différents (CT-1, CT-2 et CT-3). L''application du critère de l'espérance mathématique semble limitée pour faire un choix optimal, car les probabilités de gain ou de perte associé á chaque évènement du segment reste dépendantes des situations extérieures.

Prenons l'exemple de l'offsétage : le choix de son élimination n'influence pas le résultat avec la même probabilité de perte sur le rendement futur, car cela dépendra de l'état de la surface.

L'analyse du choix optimal peut être basée sur le recours aux fonctions d'utilité cette technique consiste à faire correspondre à chaque décision un indicateur ne dépendant plus seulement des résultats éventuels et des probabilités, mais aussi du comportement de l'agent économique au rendement et au risque.

La préférence de chaque décideur (producteur) étant spécifique à des situations présentes, considérons l'exemple du choix de mode de récolte et de battage qui doit être fait de telle sorte que :

- Le risque de perte sur le rendement soit neutralisé ;
- La contrainte horaire n'entraîne pas des pertes sur le rendement ;
- La probabilité de perte ne soit pas élevée, etc.

Un arbitrage entre la rentabilité et la sécurité peut être une des solutions pour mieux orienter son choix. La taille de la surface peut conditionner le choix du mode de travail.

Concernant la transformation, les facteurs qui peuvent conditionner le choix semblent compensatoires ou dépendant de plusieurs éléments en jeu. La vente de son, l'objectif final du riz blanchi, le temps d'exécution du travail font partie des éléments en jeu. Les choix du mode de décorticage peuvent être différents parmi les producteurs.

Nous pouvons caractériser le choix sur ce segment comme un jeu à somme nulle, c'est-à-dire que la somme de probabilité de gain et de perte semble nulle.

En fait, Von Neumann[10] et Morgenstern[11] ont montré que toute situation de jeu à somme nulle peut être solutionnée par la stratégie de choix mixte. Le choix du mode de décorticage peut varier voire même être mixte.

Pour ce qui concerne le coût de distribution, une politique pour sa minimisation peut se jouer sur le coût du transport et les pertes probables. Plusieurs acteurs effectuent le double transport de marchandise, c'est-à-dire du PMA au point de stockage pour après la transporter en série au PMV. Ce segment connaît une charge plus élevée au niveau des pertes, charge qui est souvent à l'origine de la longue durée de stockage et/ou de la mauvaise condition de celui-ci.

IV.3- Circuit de distribution

Les prix de paddy et de riz blanc ainsi que leur circuit de distribution sont ainsi représentés :

---

[10]John von Neumann : mathématicien et physicien américano-hongrois.

[11]Oskar Morgenstern : mathématicien et économiste allemand puis américain.

D'après nos résultats, nous avons remarqué une double activité et/ou commercialisation chez les acteurs de la chaîne de distribution.

D'abord chez les producteurs, nous constatons le commerce de paddy et de riz blanc, le producteur pouvant commercialiser le paddy comme il peut le transformer pour après vendre le riz blanc. Lorsqu'il décide de commercialiser le paddy le prix de sortie sera le prix de vente du paddy (9 083 F CFA/sac de 80 kg). Par conséquent, s'il décide de faire la double activité, c'est-à-dire, la transformation de paddy (chez les transformateurs) et la vente de riz blanc, le prix de sortie du riz blanc sera le prix de vente de ce dernier (10 033 F CFA/sac de 50 kg).

Ensuite, en ce qui concerne les transformateurs, on peut noter également une double activité, la transformation de paddy pour les clients et la transformation de paddy pour la vente du riz blanc. Nous nous sommes intéressé à la seconde, car la première fait partie d'un autre segment déjà expliqué plus haut. Lorsqu'ils transforment le paddy pour la vente du riz blanc, on constate deux possibilités d'achat déterminées par le marché. Ils peuvent acheter le paddy directement chez le producteur à son prix de vente (9 083 F CFA/sac de 80 kg). En outre, lorsqu'ils achètent chez le grossiste de paddy, le prix d'achat sera le prix de la revente de paddy (10 033 F CFA/sac de 80 kg). Par conséquent, le prix de vente du riz blanc chez les transformateurs est de 10 625 F CFA/sac de 50 kg.

Enfin, pour terminer avec les acteurs à double activité, nous avons les grossistes de paddy et de riz blanc. Ils peuvent acheter le paddy directement chez le producteur pour le revendre aux transformateurs, comme ils peuvent également acheter le riz blanc aux transformateurs-commerçants et aux producteurs-commerçants pour le revendre à un autre grossiste ou à un détaillant. Pour cette première opération, le prix d'achat de paddy est de 9 083 F CFA/sac de 80 kg et le prix de revente de 10 033 F CFA/sac de 80 kg. Concernant la seconde opération, le prix d'achat du riz blanc est de 10 625 F CFA/sac de 50 kg et le prix de revente de 11 500 F CFA/sac de 50 kg.

Le prix de vente du riz blanc chez les détaillants varie entre 12 500 (lorsque le riz est acheté à 11 500 F CFA) et 13 000 F CFA (lorsque le riz est acheté à 12 500 F CFA).

Cependant, ce résultat nous montre qu'il est préférable d'envisager la réduction du circuit de distribution, comme le montre le graphique suivant la production de paddy pour le transformer et la vente du riz blanc sont plus avantageux :

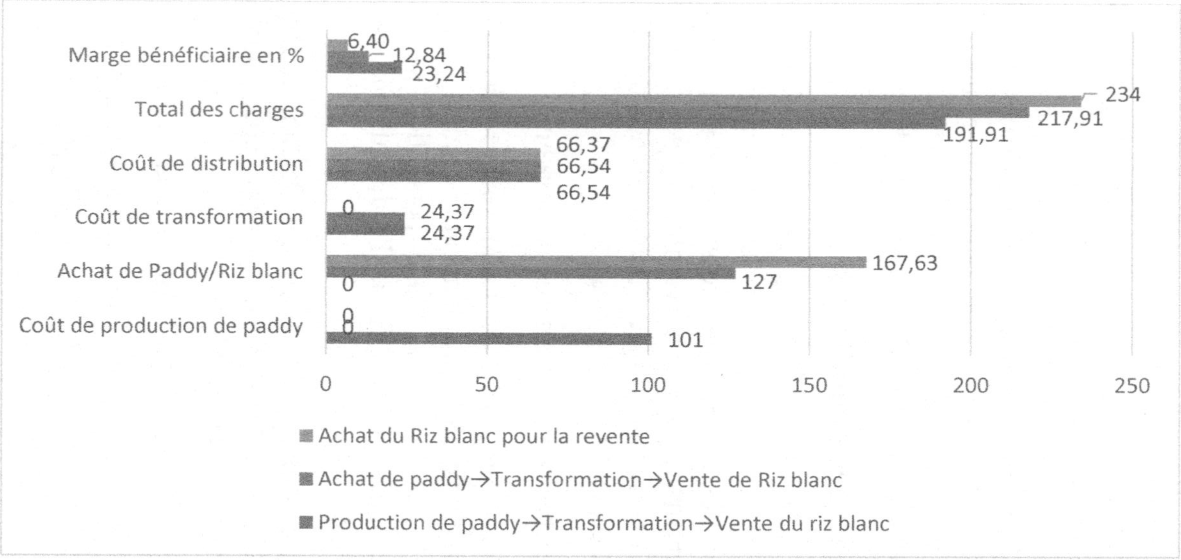

Graphique 10 : Circuit de distribution optimal/kg

Source : l'auteur

Ce graphique nous montre que la marge bénéficiaire pour le niveau d'intégration (production de paddy-transformation-vente du riz blanc) est plus élevée, suivi de celui (achat du paddy – transformation – vente du riz blanc) et en dernière position en terme d'avantage on trouve le niveau d'intégration (achat du riz blanc pour la revente). Toutefois, cet avantage peut être expliqué par la longueur de la chaîne qui fait rajouter une marge bénéficiaire pour chaque intervenant. Plus la chaîne est réduite moins sera le coût du riz sur le marché.

V- Limites des modèles utilisés

Dans le cadre de nos études, nous avons utilisé des modèles ou méthodes d'analyses nous permettant de transformer les informations collectées sur le terrain en données chiffrées ; bien que ces modèles nous permettent d'obtenir des résultats jugés fiables et non biaisés, ils présentent cependant des limites.

V.1- Limites des moyennes observées

Par rapport à notre recherche, les moyennes présentent des limites du fait qu'elles nous donnent une valeur unique sur l'ensemble des individus d'une population sans tenir compte d'autres aléas liés à l'individu qui peuvent influencer cette valeur :

Exemple : Prix du riz de la vallée dans la zone du Delta du Fleuve Sénégal. Le tableau suivant nous donne la répartition du prix par localité :

Tableau 52 : Exemple des limites des moyennes

Zones	Prix en F CFA/Sac de 50 kg
Dagana	12 000
Richard-Toll	12 000

Ross-Béthio	11 000
Pont Gendarme	13 000
N'diaye	12 500
Saint-Louis	13 000

Source : l'auteur

Le prix moyen du riz dans la zone est donc de 12 250 F CFA.

La moyenne calculée est plus proche des prix de Dagana, Richard-Toll et N'diaye, alors qu'elle est supposée représenter l'ensemble de la population.

Par ailleurs, l'inconvénient de la moyenne est qu'elle est sensible aux valeurs extrêmes (Béatrice Beaufils, 2011). Les très grands nombres la « tirent » vers le haut, tandis qu'elle est censée « représenter » chacun des éléments de la distribution. Cependant, on constate une mauvaise représentation du prix de Ross-Béthio (prix exceptionnel).

V.2- Les limites de la distribution des fréquences

Les pertes d'informations pourront influencer le résultat lors de l'analyse. Cependant, ces inconvénients peuvent être évités par une mention non attribuée de la série correspondante, mais la raison pour laquelle elle l'est restera cachée.

Prenons l'exemple des 35 acteurs de la chaine de valeur riz enquêtés au niveau du Delta du Fleuve Sénégal, sur l'utilisation du crédit obtenu :

Tableau 53 : Exemple des limites de la distribution des fréquences statistiques

Désignation	Nombre d'acteurs	%
Fonds de roulement	7	20
Fonds de développement	8	22,86
Non attribué	20	57,14
Total	**35**	**100,0**

Source : l'auteur

Mise à part la simple perte d'information, les cas non attribués peuvent alerter les analystes sur les fausses conclusions possibles auxquelles mènerait l'étude des cas déclarés. Dans l'exemple ci-dessus, on peut soupçonner que la raison pour laquelle l'acteur n'a utilisé le crédit ni pour le financement de ses besoins en fond de roulement, ni pour ses besoins en fonds de développement c'est tout simplement parce qu'il ne l'a pas reçu. Si ce soupçon se révélait vrai, la distribution de fréquence serait différente. Il faut alors recalculer la distribution en les excluant de la base de calcul.

En outre, d'autre limite se présentent sur cette distribution sur l'arrondissement des valeurs ; sachant que la somme des fréquences doit faire 1 ou 100 %, lorsqu'on arrondit les valeurs, les variables s'intercompensent, ce qui influence légèrement le résultat.

CONCLUSION ET RECOMMANDATIONS

L'objectif principal de cette étude vise la minimisation des coûts du riz local sur le marché, ce qui nous amène dans un premier temps à faire une identification des sources de coûts au niveau des acteurs de la chaîne de valeur que nous regroupons en quatre blocs et puis une analyse sur l'accès au crédit chez les acteurs :

- ✓ Approvisionnement en intrant
- ✓ Production
- ✓ Transformation
- ✓ Commercialisation.

En effet, après les analyses des données récoltées à travers nos recherches, nous avons conclu que :

❖ Approvisionnement en intrants

Ce segment de la chaîne de valeur entraîne un coût très élevé pour les producteurs et une difficulté liée à la non-garantie d'approvisionnement à temps causée par une absence de relations d'affaires avec les opérateurs privés.

Nos recherches nous ont montré l'existence d'insuffisances du crédit en intrants et de certains cas de non-remboursement. Les semences produites sur les périmètres de multiplication de semences ne profitent pas directement aux producteurs et transitent par un long circuit administratif de subvention avant de leur revenir parfois.

Les distributeurs agréés n'ont pas leurs entrepôts ou représentations dans toutes les localités, ce qui est selon les agriculteurs enquêtés à l'origine des cas du retard de livraison, ce dernier pouvant entrainer également un retard sur le calendrier agricole à respecter et ce qui jouera de façon directe sur le rendement.

Nous avons aussi étudié l'évolution des prix des intrants dans l'horizon 2009-2013 par la présente, nous avons constaté que les prix des semences et de l'engrais DAP 18-46-00 évoluent à un rythme plus accéléré que celui de l'urée.

❖ Production

Ce segment est le segment le plus coûteux de la CV, pour son analyse, en premier lieu nous avons étudié les coûts du travail du sol réparti en deux : Labour et Offsétage. Les résultats nous montrent que, sur l'horizon 2009-2013, le coût du labour a évolué un rythme plus élevé que celui de l'offsétage.

Nous avons comparé en termes de coût les deux modes de semis (semis direct et repiquage). Ainsi, nous avons constaté que le semis direct est plus avantageux en termes de coût que le repiquage.

L'évolution du coût de l'irrigation est étudiée dans notre travail en deux phases : avant et après suppression de subvention. De 1990 à 2001, le coût de l'irrigation a évolué de 58,54 % ; après la suppression de la subvention, de 2001 à 2013 nous avons constaté une augmentation de 23,08 %. Cependant, ce résultat nous montre que la subvention n'est pas le seul facteur qui influence l'évolution du coût de l'irrigation.

Le coût de la production de paddy peut être réduit en faisant les choix selon l'élément présent.

Nous avons comparé les coûts de la récolte (manuelle et mécanique) et du battage (manuel et mécanique). Les résultats nous montrent que les travaux manuels (récolte et battage nanuels) sont moins coûteux que les mécaniques. Toutefois, la durée est moins longue avec les travaux mécaniques.

❖ Transformation

Nous avons étudié les coûts et les performances (capacité d'usinage et qualité du riz blanchi) des deux acteurs au niveau du Delta du Fleuve Sénégal : les DT et les MR.

Le choix du mode de décorticage peut être mixte ou dépendant de la quantité du paddy ou de qualité du riz blanc recherchées. Cependant, il y a une faible différence en terme de coût de décorticage en faveur des DT, mais la qualité du riz produit par les MR est largement supérieure à celle des DT.

❖ Commercialisation

Le segment commercialisation de la CV riz local dans la VFS présente un caractère spécifique dû à ses acteurs aux multiples activités.

Pour commencer, nous avons analysé l'évolution des prix d'achat et de vente pendant trois (3) périodes : période d'intense activité, période d'activité moyenne et période de faible activité. Après les analyses, nous avons remarqué que pour chaque période (d'achat et de vente) la fourchette des prix proposés présentait une taille élevée. Cela peut être expliqué par le fait que les acteurs effectuent une double activité et qu'il y a sur le marché plusieurs possibilités d'achat ou de vente.

De même, nous avons constaté que dans certains cas le riz peut passer par six (6) étapes avant d'arriver aux consommateurs.

Le coût le plus élevé de ce segment correspond aux pertes de stockage, ce qui réduit de façon directe la rentabilité, il est suivi par le coût du transport de la marchandise.

Nos résultats nous ont permis de remarquer que le niveau d'intégration production de paddy - transformation - vente du riz blanc est plus rentable que le niveau achat du paddy – transformation – vente du riz blanc et en dernière position nous trouvons le niveau achat du riz blanc pour la revente.

Nous avons également analysé les facteurs qui peuvent influencer les coûts du riz venant des intervenants indirects, entre autres l'accès au crédit.

❖ Accès au crédit

Nos résultats nous montrent que, sur 37 acteurs enquêtés, on trouve seulement 16 bénéficiaires du crédit dans les deux dernières années (2012-2013)[12], soit la somme moyenne du montant du crédit octroyé en 2012 de 52 800 000 F CFA et 100 500 000 F CFA en 2013.

Parmi les bénéficiaires du crédit, on en trouve 43,75 %, soit 7 acteurs l'affirmant, avoir utilisé pour financer leurs besoins en fonds de roulement. En outre, 56,25 % soit 9 acteurs affirment avoir utilisé le crédit pour financer leur besoins en fonds de développement. Comme on pouvait s'y attendre, ces résultats nous montent une certaine difficulté financière de ces acteurs bénéficiaires du crédit en absence de celui-ci ; on peut supposer une cessation de leurs activités.

Par ailleurs, parmi les non-bénéficiaires du crédit, 35 % affirment que la cause était liée à la garantie élevée exigée par les institutions de crédit et 35 % affirment qu'elle était liée à la formalité compliquée. D'autre part, 30 % signalent une cause autre que ces deux dernières.

En nous basant sur les conclusions retenues, nous recommandons :

---

[12] L'enquête est réalisée en 2014.

Pour ce qui concerne l'approvisionnement en intrants, d'avoir recours à une intervention du secteur privé afin de créer une relation d'affaires plus pertinente et plus fiable, ce qui pourra également faire augmenter la disponibilité des intrants et faire chuter le coût de ceux-ci. En outre, nous recommandons une représentation des entreprises agréées par zone et/ou la création d'un bureau de gestion des intrants par zone avec la représentation de la SAED, Organisation paysanne locale et, de la CNCA (Compagnie Nationale de Crédit Agricole), afin de réduire le circuit long de distribution qui retarde parfois la livraison.

Concernant la production de paddy, nous recommandons pour chaque répartition du segment une analyse basée sur la fonction d'utilité, c'est-à-dire observer la nécessité avant d'engager une charge.

Par ailleurs, nous recommandons :

- CT-1 : pour les surfaces de 1 à 5 ha
- CT-2 : pour les surfaces de 6 à 10 ha
- CT-3 : pour les surfaces supérieures à 10 ha.

Compte tenu de la complémentarité des deux modes de décorticage, nous sommes dans l'impossibilité de suggérer l'une des deux décortiqueuses analysées dans notre étude. En revanche, nous recommandons l'établissement de normes pouvant harmoniser la qualité du riz blanchi.

Le choix du canal de distribution dépend de la nature du produit, de la capacité de production et de la capacité financière l'entreprise de riziculture, de ses préférences personnelles, du marché qu'elle cible et aussi du niveau d'intégration souhaité.

La spécificité du marché du riz de la VFS rend difficile de définir un circuit de distribution adéquat, mais nous recommandons l'achat direct des produits, par exemple : l'achat du paddy par les transformateurs ou grossistes du riz blanc chez les producteurs. Mais il faut signaler ici que le niveau d'intégration le plus rentable est de produire le paddy de le transformer et de vendre le riz blanc.

Nous recommandons l'établissement d'un plan de gestion des stocks, afin de réduire les pertes.

Le besoin en fonds de roulement chez les acteurs montre un degré élevé de difficulté financière ; leur endettement n'est pas une solution pour le long terme, au contraire, il les rend de plus en plus dépendants du système de crédit mis en place. Pour diminuer celui-ci voire y mettre un terme, nous recommandons la mise en place d'un fonds de soutien ou un crédit accessible aux acteurs avec des garanties moins élevées et des formalités moins compliquées.

Les perspectives attendues de cette étude peuvent nous permettre de mener une stratégie visant à minimiser le coût du riz local sur le marché et à le rendre plus compétitif ; parmi ces stratégies nous pouvons citer la contractualisation des acteurs au niveau de la chaîne de valeur.

RÉFÉRENCES BIBLIOGRAPHIQUES

- AFD (Agence Française du Développement), GLG Consultant et Nicolas Gergely Pierre BARIS, (2009). *Étude sur la compétitivité du riz de la Vallée du Fleuve Sénégal* (VFS) sur les marchés nationaux et régionaux
- AfricaRice (2013). Communiqué de presse (en ligne). Le rendement moyen du riz en Afrique subsaharienne a augmenté de 30 % après la crise rizicole. Disponible sur : http : //africarice.org/warda/adrao/newsrel-average-yield-Mar-13.asp (17 octobre 2014).
- Banque mondiale, (2007). Rice prices and poverty in Liberia. Washington (en ligne). Disponible sur : http://elibrary.world bank.org/content/working paperl 10.1596/1813-9450-4742 (12 octobre 2014).
- BCEAO(2014). Base de données Économique et Financière (en ligne) Disponible sur :

http : //edenpub.bceao.int/index.php (16 Octobre 2014)
- Béatrice BEAUFILS, (2011). *Statistique appliquée à la psychologie* Tome 1.
- Courtois B. (2007). *Une brève histoire du riz et de son amélioration génétique*. Cirad, France, 13 p.
- France AgriMer, (2012). *La note de conjoncture, analyse économique de la filière riz.*
- Karim TRAORE, Jonh MENFUL, Bakary SANNEH, (2013). *AfricaRice Saint-Louis et AfricaRice Cotonou. Pourcentage après usinage.*
- Malick N'DIAYE, AGRITECH, (2014). Entrepreneur et fabricant de matériels agricoles, *conversation personnelle.*
- Mamadou Kabirou N'DIAYE, Karim TRAORÉ, Mansor DIOP, Mandiaye DIAGNE (2012). *Rapport*

de test de caractérisation de la mini moissonneuse batteuse. Dagana, Vallée du Fleuve Sénégal.

- Mamadou Kabirou NDIYAE, (2015). Chercheur AfricaRice, *conversation privée*.
- Matty DEMONT, Maïmouna NDOUR et Espérance ZOSSOU, (2013). Le riz africain peut-il être compétitif ? *Une analyse de la compétitivité-qualité par la méthode des enchères expérimentales*.
- Michael BRÜNTRUP, Thao NGUYEN, Christian KAPS, (2006). « Le marché du riz au Sénégal », *Agriculture & développement rural*.
- Michael PORTER (1986*). L'avantage concurrentiel,* édition, Dunod, Paris, France, 1999
- Oumar DIOP, Moussa Bocar FOFANA et Amadou Abdoulaye FALL, (2008). *Caractérisation et typologie des exploitations agricoles familiales du Sénégal* Tome 1. ISRA 2008. 37 p.
- Ousseynou N'DIAYE, (2015). Producteur de semence, Établissement NATANGUÉ et président de l'Union des Semenciers du Nord UNISNORD, *conversation personnelle*.
- OXFAM, ROPA, AgriCord, SNV, VECO West Africa, (2013). *Programme régional riz document final de synthèse*.
- PRACAS (2014) *Développement de la mécanisation pour la production durable de riz au Sénégal*. Note conceptuelle.
- SAED, (2001). *Intensification de la riziculture irriguée dans la vallée du fleuve Sénégal : Acquis et perspectives*, mars 2001.
- SAED, (2011). *Manuel Pratique de la Riziculture Irriguée dans la Vallée du Fleuve Sénégal*.
- *SPORE (2012). Le magazine du développement agricole et rural des pays ACP*. Hors-Série,

« Resserrer les Liens, L'essor des Chaines de Valeur Agricole » juillet 2012.

- USDA (2014). *Report World Agricultural Supply and Demand Estimates, Approved by the World Agricultural Outlook Board* December 2013.
- Vertigo, (2003). La revue électronique en sciences de l'environnement, Volume 4, numéro 3.
- Wikipédia (2014). Sénégal Fleuve (en ligne). Disponible sur : http : //fr.wikipedia.org/wiki/S%C3%A9n%C3%A9gal_%28fleuve%29 (15 Octobre 2014).

ANNEXE

Annexe 1 : Compte d'exploitation riz 2009 (SAED, 2009)

Désignation	Quantité	Unité	Superficie	Prix unitaire	Total
Dntretien motopompe	1		10	36 000	36 000
Réfection du périmètre	5	heures	10	40 000	200 000
Offset du périmètre	1	passage	10	22 000	220 000
Semences de riz	120	kilos/ha	10	250	300 000
Transport semence	24	aller		250	6 000
Engrais 18 46 0	150	kilos/ha	10	250	375 000
Urée	300	kilos/ha	10	180	540 000
Carburant	167	litres/ha	10	750	1 252 500
Huile lubrifiant	12	litres	10	1 450	17 400
Désherbant (propanyl)	6	litres/ha	10	3 500	210 000
Désherbant (weedone)	2	litre/ha	10	5 000	100 000
Total					3 256 900
Irrigateur	5	4mois	4	32 500	650 000
Chasseur d'oiseau	20	2mois	2	15 000	600 000
Achat de sacs pour paddy	875			325	253 378
Production brute de paddy	**875**				
Moisson du riz	166				
Production nette de paddy	**709 sacs de 80 kilos**				
Achat de sacs pour décorticage	780			125	97 453
Rais de transport et manutention du paddy	709			300	212 625
Frais de décorticage du paddy	709			600	425 250
Frais de transport et manutention du riz blanc	780			250	194 906
Total					2 433 613
Vente de riz	780	Sacs de 50 kilos		10 500	8 186 063
Vente de son	236			2 000	472 500
Vente paille	10			25 000	250 000
Vente de sacs vides de paddy	709			100	70 875
Total					8 908 563
Résultat brut					**3 218 050**

Annexe 2 : Compte d'exploitation riz 2013 (CGER, 2013)

	Quantité	Prix Unitaire			Montant
Riz Paddy	6000	Kg/Ha	118	Fcfa/Kg	708 000
Riz Blanc	3600		250		900 000
Son	1500		60	Fcfa	90 000
Produit Brut					**990 000**
Location surface	1	Ha	50000	Fcfa/Ha	50 000
Labour	1		55000		55 000
Offset	1		23000		23 000
Préparation du sol					**78 000**
Coût Hydraulique	**1**	**Ha**	**80000**	**Fcfa/Ha**	**80 000**
Semences certifiée	120		325		39 000
Urée	300	Kg	210	Fcfa/Kg	63 000
18-46-00 (DAP)	100		320		32 000
Fertilisation					**95 000**
Londax	1	ıcon (100	8000	Fcfa/Flacon	8 000
Propanil	8	l	3000	Fcfa/l	24 000
Weedone	1		4000		4 000
Herbicide					**36 000**
Maintenance-Réfection	1		15000		15 000
Taxe OMVS	1	Ha	1800	Fcfa/Ha	1 800
Frais de gestion	1		5000		5 000
Sacheries 1	70	sacs	350	Fcfa/Sacs	24 500
Petits matériels	1	Ha	3000		3 000
Autres Frais					**49 300**
Désherbage	1	Ha	23000		23 000
'raitement phytosanitair	1		7500	Fcfa/Ha	7 500
Moisson	1		50000		50 000
Mise en meule	1		15000		15 000
Battage	7		10000		70 000
Manutention 1	63	Sacs	200	Fcfa/Sacs	12 600
Transport riz paddy	63		200		12 600
Main d'œuvre					**190 700**
Transport Décorticage	63	acs de 85K	350		22 050
Manutention 2	63		200		12 600
Séchage	63		150	Fcfa/Sacs	9 450
Frais décorticage	63		800		50 400
Sacherie 2	72	ıcs de 50 K	150		10 800
Décorticage					**105 300**
Total charges					**723 300**
Résultat					**266 700**

Annexe 3 : Questionnaire pour les transformateurs

MODULE : TRANSFORMATION

SOUS-MODULE : MOULIN ET TRANSFORMATION

HT2 : MOULINS ET TRANSFORMATION

HT20 : Moulins

1. Avez-vous un moulin ? /__/ *1 = Oui, 0 = Non*

1.1. Année d'installation du moulin /__/__/__/__/

1.2. Source (pays d'origine) de l'équipement

____

1.3. Avez-vous effectué un remplacement majeur de vos équipements depuis l'installation ?

/__/ *1 = Oui, 0 = Non*

1.4. Quelle est la capacité installée du moulin ? (en kg par heure)

/__/ *1=Moins de 100 kg/h, 2=] 100 à 150], 3=] 150 - 250], 4=] 250 - 500], 5 = Plus de 500 kg/h*

1.5. À quelle capacité fonctionne le moulin ? /__/__/__/ %

1.6. Pourquoi le moulin ne fonctionne-t-il pas à 100 % de sa capacité (Sinon) ?

____

____

1.7. Quelles sont les sources d'énergie pour votre moulin ?

1=Oui, 0=Non /__/ *Électricité* /__/ *Gazoil* /__/ *Autre*

1.8. Combien de riz blanchi obtenez-vous avec 10 kg de paddy ? (à mesurer) /__/. /__/ Kg

2. Où est cultivé le paddy que vous utilisez ?

/__/ 1=*Même zone que le moulin, 2= Ailleurs, 3=les deux*

3. À quelle fin vos clients utilisent-ils les produits transformés ?

/__/ *1= Vente, 2=Consommation, 3=les deux*

4. Comment les clients obtiennent-ils le paddy ?

/__/ *1= Ce sont des agriculteurs, 2=Ils l'achètent ailleurs, 3=les deux*

5. Quel est le degré de fiabilité des sources ? /__/ *1=Très fiables, 2=Un peu fiable, 3 =Pas du tout fiables*

6. Combien facturez-vous pour la transformation par unité de poids de paddy ?

__________ (Monnaie locale) Précisez la monnaie _____________ Équivalent de 1 $ US : __________ Précisez l'unité de poids ____________ Équivalent de l'unité en kg : /__/__/. /__/

7. La transformation du paddy a-t-elle lieu durant toute l'année ? /__/ *1=Oui, 0=N o*

7.1. Sinon, pendant combien de mois la transformation a-t-il lieu sur toute l'année ? /__/__/ mois

7.2. Consomme-t-on beaucoup de riz ici dans la zone ?
/__/ *1=Oui, 0=Non, le marché est ailleurs*

8. À part ce moulin, possédez-vous une autre unité d'usinage ? /__/ *1=Oui, 0=Non*

8.1. Si oui, combien d'autres ateliers possédez-vous ?
/__/

9. Transformez-vous le riz uniquement pour les clients ou pour la vente ?

/__/ *1=Pour les clients, 2=Pour la vente, 3=Les deux*

9.1. Si vous traitez le riz pour vos clients, que faites-vous du son ?

/__/ *1=Je le garde, 2=Le client l'emporte*

9.1.1. Si vous gardez le son, le vendez-vous ? /__/ *1=Oui, 0=Non*

9.1.1.1. Si oui, à quel prix ? ____________ (Monnaie locale)

9.1.2. Si vous ne commercialisez pas le son de riz, que faites-vous avec ?

/__/ *1=Je le brûle, 2=Je le jette aux ordures, 3=Je nourris les animaux avec, 4=Autre*

9.1.3. Le prix du service de transformation est-il différent selon que vous gardez le son de riz ou que vous le remettez à votre client ? /__/ *1=Oui, 0=Non*

9.1.3.1. Si oui, quels sont les prix (en monnaie locale) :

En cas de rétention ______________ En cas de non-rétention ____________

9.1.3.2. Sinon, quel est le coût de 1 kg de paddy décortiqué ? ____________ (Monnaie locale)

9.2. Si vous traitez le riz pour le vendre, comment obtenez-vous le paddy ? *1=Oui, 0=Non* /__/*Collecteurs primaires (marché hebdomadaire)* /__/*Collecteur-femmes étuveuses* /__/*Grossiste* /__/*Collecteurs* /__/*Producteur* /__/*Autre*

10. Sous quelle forme obtenez-vous le paddy ? *1=Oui, 0=Non*

/__/ *Riz local non étuvé* /__/ *Riz locale étuvé* /__/ *Autre*

HT21 : Conditions de transformation

1. Nettoyez-vous le paddy avant le décorticage ? /__/
   1=Oui, 0=Non

1.1. Quel type de corps étrangers est supprimé ? *1=Oui, 0=Non*

/__/*Paille* /__/*Pierres* /__/*Clous* /__/*Fil de fer*

1.2. Comment faites-vous le nettoyage ?

____

____

1.3. Quels sont les équipements utilisés pour cette opération de nettoyage ?

1 ____________________ 2 ______________________ 3 ______________________

2. Qu'advient-il de la balle de riz ? /__/
   1=Retenue par le meunier, 2=Emportée par les clients

3. À quelle fin vous ou vos clients utilisez-vous la balle de riz ?

____

____

4. Avez-vous des problèmes de nature technique ?
   /__/ *1=Oui, 0=Non*

4.1. Êtes-vous capable de gérer ces problèmes vous-même ? /__/ *1=Oui, 0=Non*

4.2. Si ce n'est pas vous-même, quelles agences locales ou externes fournissent une assistance technique à votre établissement ?

Nom de l'agence	Type d'assistance **(Voir code)**	L'assistance fournie sur : ***1=sur une base régulière 2=lorsque cela est nécessaire***	Fréquence ***1=hebdomadaire, 2=mensuelle, 3=annuelle***

Code : *1=Alignement des courroies, 2=Changement de paravent, 3=Changement de palier, 4=Autres*

HT22 : Main-d'œuvre journalière pour la transformation

N *: Nombre de personnes* ***ND*** *: Nombre de jours de travail effectif* ***NHD*** *: Nombre moyen d'heures de travail par jour*

But de l'usinage **(Code 1)**	Quantité moyenne de paddy blanchi par jour	Nombre de personnes main-d'œuvre familiale									Main-d'œuvre extérieure (embauchée) Nombre de personnes								
		Adultes hommes de plus de 15 ans			Adultes femmes de plus de 15 ans			Adultes hommes de plus de 15 ans			Adultes femmes de plus de 15 ans			Adultes hommes de plus de 15 ans			Adultes femmes de plus de 15 ans		
		N	*ND*	*NHD*	*N*	*ND*	*NHD*	*N*	*ND*	*NHD*	*N*	*ND*	*NHD*	*N*	*ND*	*NHD*	*N*	*ND*	*NHD*

Code 1:1=Pour les clients, 2=Pour la vente, 3=Les deux

HT23 : Capacité d'usinage

1. Quelle est la marque de la machine que vous possédez ? ______________________________

2. Quelle est la capacité de votre machine ? /__/__/__/. /__/ kg/heure

3. Y a-t-il des jours dans la semaine au cours desquels la machine ne fonctionne pas ? /__/ *1=Oui, 0=Non*

3.1. Si oui, lesquels ? *1=Oui, 0=Non*

/__/*Lundi* /__/*Mardi* /__/*Mercredi*
/__/*Jeudi* /__/*Vendredi* /__/*Samedi*
/__/*Dimanche*

4. Quelle est la quantité de riz que vous transformez- en moyenne par jour ?

Type de produit	Nombre de sacs / unité de mesure	Poids unitaire (kg)
Le riz local étuvé		/__/__/. /__/
Riz local non étuvé		/__/__/. /__/

5. À partir sac de paddy (riz étuvé et non étuvé), quelle quantité de riz transformé obtenez-vous ?

Type de produit	Riz usiné obtenu (kg)	Poids du sac / unité de mesure (kg)
Paddy non étuvé		/__/__/. /__/
Paddy étuvé		/__/__/. /__/

6. Combien de temps cela prend-il de blanchir un sac de riz non étuvé ? /__/__/ minutes

7. Combien de temps cela prend-il de blanchir un sac de riz étuvé ? /__/__/ minutes

8. Pendant combien d'heures votre machine fonctionne-t-elle chaque jour ? /__/ heure

9. Quel est le niveau de la qualité de votre riz blanchi selon vos clients ? **Codes :** *1=Très bon, 2=Bon, 3=Moyen, 4=Mauvais*

/__/Propreté du riz blanchi /__/Homogénéité du grain /__/Ratio de blanchissage /__/Pourcentage de grains entiers

10. À quelles catégories professionnelles appartiennent vos clients ? *1=Oui, 0=Non /__/Commerçants / entreprises privées /__/Producteurs /__/Consommateurs /__/Association de producteurs /__/Institution publiques /__/Autres*

11. Existe-t-il des liens contractuels entre vous et vos clients ? /__/ *1=Oui, 0=Non*

11.1. Si oui, lesquels ? *1=Oui, 0=Non /__/Le paiement en espèces /__/Crédit à court terme /__/Prêt à moyen terme /__/Baisse de Prix /__/Crédit Saisonnier /__/Autre*

12. Quelles sont les plaintes régulières de vos clients relatives aux services que vous offrez ?

1 ____
____

2 ____
____

HT24 : Dépenses de fonctionnement et d'entretien

S'il vous plaît, ne pas remplir les cases noires

	Unité	Prix par unité (Monnaie locale)	Quantité / nombre	Périodicité **(Voir code)**
Les dépenses de fonctionnement				
Carburant				
Lubrifiant				
Électricité				
Main-d'œuvre pour les opérateurs				
Main-d'œuvre pour le personnel de soutien				
Frais d'entretien				
Réparation par soudure				
Réparation de tamis				
Réparation de mortier				
Vidange				
Rechange de tamis				
Rechange de segments				
Rechange de courroies				
Autres pièces de rechange				

<u>Code pour la périodicité :</u> *1=Horaire, 2=Journalière, 3=Hebdomadaire, 4=Bimensuelle, 5=Mensuelle, 6=Annuelle*

Annexe 4 : Questionnaire pour les commerçants

MODULE : MARKETING

SOUS-MODULE : DONNÉES PERSONNELLES

SOUS-MODULE : STOCKAGE

SOUS-MODULE : SOURCES D'APPROVISIONNEMENT

SOUS-MODULE : ACCÈS AU CRÉDIT, ENREGISTREMENT COMPTABLE ET REVENUS

SOUS-MODULE : TENDANCES DE COMMERCIALISATION AU COURS DES 3 DERNIERS MOIS

MODULE M : COMMERCIALISATION

M0 : Données personnelles (personne en charge de la commercialisation)

Nom et Prénoms en charge de la commercialisation	Sexe **(code1)**	Âge du CM	Statut matrimonial **(code2)**	Niveau scolaire **(code4)**	Nombre d'années d'étude	Nombre d'années d'expérience en riziculture	Nombre d'années de résidence dans le village	Activité principale ***(code5)***	Activité secondaire *(code5)*	Nombre d'épouses (si chef homme)	Nombre d'enfants			Nombre d'adultes >18 ans	Nombre de sous-ménage	Nombre de cas de maladies sur les 12 derniers mois
											<10 ans	10≤âge<15 ans	15≤âge<18 ans			

Code1 *:* ***Sexe***

1=masculin

0=féminineé

Code2 *:* ***Statut matrimonial***

1=marié, 2=célibataire, 3=veuf/veuve, 4=Séparé/divorcé (e) ; 5=Mineur (pas en âge) ; 6=Autre (À préciser)

Code4 *:* ***Niveau scolaire***

0= aucun niveau ; 1= alphabétisé/coranique ;
2=Primaire, 3=Secondaire 6e -3e,
4=Secondaire 2nd –Tle,,
5=Université, 6=autre (spécifier)

Code5 *:* ***Activité***

0=néant, 1=agriculture, 2=élevage,

3=pêche/chasse,

4=commerce, 5=artisanat,

6=ouvrier, 7=salarier, 8=travaux ménagers, 9=chauffeur/taxi moto

10= élève / écolier,

11=autre (spécifier)

1. Nombre d'employés : /__/__/
2. Structure du personnel : ____
____

(Indiquer toute formation spéciale pour le personnel)

____
____
____
____

3. Catégorie de commerce /__/ *1=Grossiste, 2=Semi-grossiste, 3=Détaillant, 4=Collecteur, 5=Autres*
4. En quelle année avez-vous commencé la commercialisation du riz en particulier ? /__/__/__/__/
5. Type d'implantation /__/ *1=Sédentaire, 2=Semis sédentaire, 3=Temporaire*
6. Qui a fourni le capital initial ? /__/ *1=Fonds propres, 2=Aide financière, 3=Crédit, 4=Autres*
7. Le riz est-il le produit alimentaire principal que vous vendez ? /__/ *1=Oui, 0=Non*
8. Combien de jours par semaine consacrez-vous habituellement à la vente du riz ? /__/
9. Quels autres produits alimentaires (vivriers) commercialisez-vous ?

/__/ /__/ /__/ /__/ /__/ *1=Riz, 2=Maïs, 3 = Millet, 4 Sorgho, 5 = Manioc, 6 = Arachide, 7 = Fonio, 8 = Cacao, 9 = Café, 10 = Plant de Cocotier, 11 = Palmier à huile, 12 = Noix de colatier, 13= Tomates, 14 = Aubergines, 15 = Piment, 16 = Oignons, 17 = Pommes de terre, 18 = Bananes plantains, 19 = Bananas, 20 = Taro / Macabos, 21 = Niébé / Haricots, 22 = Plant d'oranger, 23 = plant de manguier, 24 =poirier, 25 = Autres*

10. Combien de mois dans une année consacrez-vous habituellement à la commercialisation du riz ? /__/__/

11. Avec quelle quantité de riz avez-vous débuté ? ***(UL= Unité locale à préciser)***

	Nom de l'unité locale (*UL*)	Quantité (en *UL*)	Équivalent de l'*UL*(en kg)
Riz local étuvé			
Riz local blanchi			
Riz étuvé importé			
Riz blanchi importé			
Paddy			

12. Citez les noms des différents types de riz (préciser la variété pour le riz local) que vous commercialisez (1= la plus préférée jusqu'à la moins préférée = 10) et précisez le type correspondant de riz

Ordre de préférence	Nom de la variété	Type de riz (voir code)
1		
2		
3		
4		
5		
6		
7		
8		
9		
10		

<u>Code:</u>1=Local étuvé, 2=Local non étuvé, 3=Importé étuvé, 4=Importé non étuvé, 5=Paddy

13. Êtes-vous propriétaire ou locataire de votre lieu de vente ? /__/ *1= Propriétaire, 2 = locataire*

13.1. Si vous n'êtes pas le propriétaire, quel est votre lien avec le propriétaire ? /__/ *1=chef de famille,*

2=Époux/épouse du chef de famille, 3=fils/fille du chef de famille, 4=neveu/nièce, 5=père/mère du chef ou de l'épouse, 6=frère/sœur, 7=beau – frère/ belle-sœur, 8=Manœuvre, 9=protégé, 10=autre (préciser)

14. Quelles sont les sources d'approvisionnement du paddy que vous vendez ?

/__/ *1=Propre champ, 2=Même village/ville, 3=Autre*

15. Quelle est la fréquence d'approvisionnement ?

/__/ *1=Journalière, 2=Hebdomadaire, 3=Mensuelle, 4=Trimestrielle, 5=Annuelle, 6=Autres*

16. Quelles quantités achetez-vous : ______________ kg

17. Vendez-vous le paddy ? /__/ *1=Oui, 0=Non*

17.1. Si oui, à qui et combien sont-ils fiables ?

Client ***1= Famille, 3=Client régulier, 3=Tout le monde***	Fiabilité ***1 = Très fiable, 2 = Assez fiable, 3 = Pas fiable***

18. Quel traitement est appliqué au paddy avant son stockage ?

____

____

M1 : Stockage

1. Quelle distance sépare le lieu de stockage de celui d'approvisionnement ?

___________ km

2. Où le paddy est-il stocké avant le décorticage ?

/__/ *1=Magasin au marché, 2=Magasin à domicile, 3=Entrepôt, 4=Autres*

3. Dans quoi stockez-vous le riz ? /__/ *1=Sac, 2=Bassine, 3=Autre*

4. Stockez-vous les différentes variétés de riz séparément ? /__/ *1=Oui, 0=Non*

5. Combien de temps dure la période de stockage ?

Type de riz	Minimum **(En jours)**	Maximum **(En jours)**	Estimation des pertes pendant le stockage **(%)**	Quantité stockée **(kg)**	Coût total du stockage (**monnaie locale**)
Riz étuvé local			/__/__/		
Riz local blanchi			/__/__/		
Riz importé étuvé			/__/__/		
Riz importé blanchi			/__/__/		
Paddy			/__/__/		

Préciser la devise : ____________________ Équivalent de 1 $ US : ______________

6. Quel traitement est appliqué au paddy en stockage ?______________________________________

____
____

____
____

7. Sous quelle forme est vendu le riz décortiqué ? /__/ *1=Emballé, 2=Non emballé*

7.1.Si emballé, dans quel type de matériau d'emballage ?

/__/ *1=Sac en plastique, 2=Papier, 3=Sac de jute*

7.2.Quel est le coût de l'emballage ? ____________________ (en monnaie locale)

7.3. S'il n'est pas emballé, le riz décortiqué est-il vendu étanche ? /__/ *1=Oui, 0=Non*

7.4. Type d'étanchéité : ____

8. A qui est vendu le riz décortiqué ? /__/ *1=Famille, 3=Clients réguliers, 3=Tout le monde*

9. Pendant combien de temps le riz décortiqué est-il gardé avant d'être vendu ?

Nombre de jours minimum : /__/__/ Nombre de jours Maximum : /__/__/

10. Information sur les prix moyens de vente **d'un kg** au cours des trois dernières années : **(Monnaie locale)**

Année	Prix du paddy	Prix du riz décortiqué	Coût du décorticage
2009			
2010			
2011			

Préciser la devise : ________________

Équivalent de 1 $ US : ______________

M2 : Source d'approvisionnement

1. S'il vous plaît remplissez ce tableau avec des informations **par type de riz**

Type de riz	Sources d'approvisionnement **(Code 1)**	Fréquence d'approvisionnement	Quantité moyenne de riz approvisionné	Montant moyen de chaque achat (en ML)	Mode de paiement **(Code 3)**
Riz local étuvé	/__/ /__/				
Riz local blanchi	/__/ /__/				
Riz étuvé importé	/__/ /__/				
Riz blanchi importé	/__/ /__/				
Paddy	/__/ /__/				

Code 1:*1=Champs/ferme, 2=Village, 3=Marché local, 4=Marchés régionaux (les pays limitrophes), 5= Marchés européens, 6=Marchés asiatiques, 7=Autre*

Code 2:*1 = Chaque jour, 2 = Tous les trois jours, 3 = hebdomadaires, 4 = Toutes les deux semaines, 5 = mensuelle, 6 = Tous les deux mois, 7 = Autres*

Code 3:*1=Comptant, 2=Crédit*

2. Développement des activités

Type de riz **(Code 1)**	Qualité **(code 2)**	Principal fournisseur **(Code 3)**	Lieu d'achat **(Code 4)**	Quantité vendue par semaine		Prix actuels de 1 UL	
				Unité locale (en UL)	Équivalent de 1 UL en kg	Monnaie locale (ML)	Équivalent de 1 US $ en UL

Code 1:*1 =riz étuvé local, 2 =riz local blanchi, 3 =riz importé étuvé, 4 =riz importé blanchi, 5 =paddy*

Code 2:*1 = cassé, 2 = entier, 3 = mixte*

***Code 3:**1 = collecteur primaire du paddy, 2 = collecteurs auprès des femmes étuveuses, 3 = grossistes, 4 = collecteurs, 5 = Producteur, 6 = Autre*

***Code 4:**1=Champs/ferme, 2=Village, 3=Marché local, 4=Marchés régionaux (pays limitrophes), 5= Marchés européens, 6=Marchés asiatiques, 7=Autre*

3. Lieu d'approvisionnement, quantité d'approvisionnement, distance et coût moyen du transport

Lieu d'achat (code 4)	**Quantité achetée/jour de marché (kg)**	**Distance entre la maison et le lieu d'achat (km)**	**Coût moyen de transport (ML)**
1			
2			
3			
4			

***Code 4:**1=Champs/ferme, 2=Village, 3=Marché local, 4=Marchés régionaux (pays limitrophes), 5=Marchés européens, 6=Marchés asiatiques, 7=Autre*

4- Quels sont les principaux marchés où vous vendez vos produits ? Qui sont vos clients ?

Type de code de riz (code 1)	Nom du type de riz	Marché principal **(Code 2)**	Principaux clients **(Code 3)**
1	Riz local étuvé		
2	Riz local blanchi		
3	Riz étuvé importé		
4	Riz blanchi importé		
5	Paddy		

***Code 1:**1 = riz étuvé local, 2 =riz local blanchi, 3 =riz importé étuvé, 4 =riz importé blanchi, 5 =Paddy*

***Code 2 :** 2=Village, 3=Marché local, 4=Marchés régionaux (les pays limitrophes), 5=Marchés européens, 6=Marchés asiatiques, 7=Autre*

Code 3: *1=Détaillant, 2=Consommateur, 3=Transformateurs (femmes étuveuses), 4=Propriétaires de restaurants, 5=Processeurs (meuniers), 6=Associations et coopératives, 7=Pays, 8=Autres*

5. Coûts de l'accès au marché principal, quantité vendue, distance et coût moyen de transport.

Principal marché de vente du riz **(code 1)**	Quantité vendue par jour de marché (kg)	Distance séparant votre maison du marché principal (km)	Coût moyen de transport (en ML)
1			
2			
3			
4			
5			

Code 1: *1 = marché du village, 2 = marché hebdomadaire (local / canton / région), 3 = marchés urbains, 4 = marchés sous-régionaux (pays limitrophes), 5 = Autre*

6. Êtes-vous un détaillant ou un grossiste ? / __ / *1 = Détaillant, 0 = Grossiste*

7. Prix de différents types de riz vendus au cours de l'année (veuillez préciser ci-dessous la monnaie locale et l'unité de mesure).

Type de riz	Prix d'achat d'1 (UL) en (ML)			Prix de vente d'1 (UL) en (ML)		
	Période d'intense d'activité	Période d'activité moyenne	Période de faible activité	Période d'intense d'activité	Période d'activité moyenne	Période de faible activité
Riz local étuvé						
Riz local blanchi						
Riz étuvé importé						
Riz blanchi importé						
Paddy						

Nom de l'UL : ___________________ équivalent de 1UL en **kg :** / __ / __ / / __ /

Nom de la ML : ___________________ équivalent de I ML avec 1 $ US : ___________

8. Possédez-vous un moyen de transport personnel ? /__/ *1 = Oui, 0 = Non*

8.1.Si oui, quel type de moyen de transport avez-vous ? /__/ /__/ /__/ **(Voir code)**

8.2.L'utilisez-vous pour transporter du riz ? /__/ *1 = Oui, 0 = Non*

8.3.Sinon, qu'est-ce que vous utilisez pour transporter le riz ? /__/ /__/ /__/ **(Voir code)**

Code de moyens de transport : *1 = panier, 2 = vélo, 3 = moto, 4 = van, 5 = camion,*

6 = Brouette (ou pousse-pousse), 8 = Autre

9. Quels sont la distance, la durée et les coûts des déplacements que vous effectuez ?

Principal Marché d'Approvisionnement (PMA) (Voir code)	Principal Marché de Vente (PMV) (Voir code)	Distance séparant PMA et PMV (km)	Temps de déplacement entre PMA et PMV (heure)	Poids moyen réalisé par le voyage (km)	Coût moyen par voyage (monnaie locale)

Code 1: *1 = marché du village, 2 = marché hebdomadaire (local / canton / région), 3 = marchés urbains, 4 = marchés sous-régionaux (pays limitrophes), 5 = Autre*

10. Structure des coûts du marché : combien vous coûtent les activités suivantes ?

Structure des coûts	Montant par jour de marché
Transport	
Frais de manutention	
Charge d'assemblage	
Électricité et téléphone	
Stockage	
Location	
Matériaux d'emballage	
Pertes	
Conseils de la police (faux frais)	
Impôts/taxes sur marche	
Coût du crédit	
Hébergement/logement	
Autres (Préciser)	

Code pour les activités:*1=Transports, 2=Frais de manutention, 3=Frais d'assemblage, 4=Électricité et téléphone, 5=Stockage, 6=Location, 7=Emballages, 8=Perte, 9=Trucs et astuces pour la police (faux frais), 10=Taxes de marché, 11=Coût du crédit, 12=Logement, 13=Autres*

11. Contraintes de commercialisation : quels sont les problèmes que vous rencontrez dans votre activité ?

Activité **(Code 1)**	Contraintes **(Code 2)**	Numéro de la gravité **(Code 3)**
Approvisionnement		
Stockage/conservation		
Transport		

Vente		

Code1:*1 = Approvisionnement, 2 =Stockage / conservation, 3 = Transport, 4=Vente*

Code 2:*1 = Difficultés dans l'acquisition de riz (matières premières), 2 = Irrégularité dans la fourniture de riz, 3 = Manque de moyens de transport personnels, 4 = Coût très élevé des transports, 5 = Les transporteurs ou les moyens de transport ne sont pas disponibles quand il le faut, 6 = Manque d'espace de stockage, 7 = Écoulement difficile des produits sur le marché, 8 = Besoin de recruter du personnel compétent, 9 = Formalisation de l'entreprise, 10 = Capital insuffisant, 11 = Concurrence déloyale, 12 = Accès difficile au marché public, 13 = Besoin d'une garantie bancaire, 14 = Accès difficile au crédit, 15 = Accès à la technologie, 16 = Manque de renseignements sur le marché, 17 = Taxes de marché élevées et des frais autres, 18 = Problème lié à la qualité, 19 = Autres*

Code 3:*1 = très important, 2 = important, 3 = moyennement important, 4 = assez important, 5 = importance mineure*

M3 : Accès au crédit, enregistrement comptable et revenu

Sociétés, coopératives et associations

1. Êtes-vous membre d'une association ou d'une société de commerçants, de producteurs ou de transformateurs de riz ? /__/ *1 = Oui, 0 = Non*

1.1.Nom de ce(s) groupe (s) si oui :

1______________________

2______________________

3______________________

2. Pendant combien de temps (années) avez-vous été membre ? /__/__/ ans

3. Quelle était votre motivation pour rejoindre cette association ? /__/ *1 = accès facile au crédit, 2 = fournitures de paddy à l'association, 3 = transport collective de paddy, 4 = Autres*
4. Quels sont les avantages que vous obtenez un membre du groupe (s) ?

1 ____

____

2 ____

____

Accès au crédit

5. Avez-vous obtenu du crédit dans les deux dernières années ? / __ / *1 = Oui, 0 = Non*

5.1. Si non, pourquoi ? /__/ /__/ /__/ *1 = Garantie élevée, 2 = formalités compliquées, 3 = taux d'intérêt élevé, 4 = délai court, 5 = Autre*

5.2. Si oui, avez-vous reçu des prêts auprès des institutions financières ces 2 dernières années ? /__/ *1 = Oui, 0 = Non*

5.2.1. **Si oui,** dans quelle institution financière et quel était le montant ? **(ML)**

Nom de l'institution	Montant en 2011	Montant en 2010

Précisez la monnaie locale : ________________ Équivalent de 1 $ US : ____________

5.2.2. Pour quoi avez-vous utilisé le prêt que vous avez obtenu ? /__/ /__/ /__/ *1 = Fonds de roulement, 2 =Fonds de développement, 3 =ordre d'achat, 4 = Capital pour l'installation, 5 = Autre*

5.2.3. **Si non,** pourquoi vous n'avez pas obtenir un prêt ? /__/ *1 = fichier Incomplet, 2 = Manque de garantie, 3 = Autre*

Enregistrement comptable et revenues

4. Comment établissez-vous vos comptes ? /__/ *1 = comptabilité écrite formelle (bilan et compte de résultat), 2 = comptabilité simplifié, 3 = notes personnelles, 4 = Ne tient pas de compte, 5 = Autre*

5. Quel chiffre d'affaires avez-vous réalisé ces deux dernières années ____________ ____________

2010 2011

6. Quel était le rythme d'activité dans votre établissement au cours des douze mois de l'année 2011 ?

Mois	Jan	Fév	Mar	Avri	Mai	Juin	Juil	Août	Sept	Oct	Nov	Déc
Rythme **(voir code)**												

Rythme Code:*1 = maximum, 2 = moyen, 3 = minimum*

7. Au cours de la dernière année (2011), quel en le maximum et le minimum de vos revenus mensuels estimés en monnaie locale ? Minimum : ________ Maximum : ________

Précisez la monnaie locale : ______________ Équivalent de 1 $ US : ____________

M4 : Tendances de commercialisation au cours des 3 derniers mois

S'il vous plaît, remplissez le tableau ci-dessous en fonction du volume des produits achetés ou vendus au cours des 3 derniers mois

Produits **(Code 1)**	Transactions **(Code 2)**		Dernier mois	Deux mois passés	Trois mois passés
	Achat	UL			
	Ventes	UL			
	Achat	UL			
	Ventes	UL			
	Achat	UL			
	Ventes	UL			
	Achat	UL			
	Ventes	UL			
	Achat	UL			
	Ventes	UL			
Volume d'occupation de l'entrepôt en riz **(code 3)**					

Code 1: *1 = riz, 2 = maïs, 3 = Mil, 4 Sorgho, 5 = Manioc, 6 = Arachide, 7 = Fonio, 8 = Cacao, 9 = Café, 10 = Produit du Cocotier, 11 = Huile de palme, 12 = Noix de colatier, 13 = Tomates, 14 = aubergines, 15 = Piment, 16 = Oignons, 17 = Pommes de terre, 18 = Plantains, 19 = Bananas, 20 = Taro / Macabo, 21 = Niébé /Haricots, 22 = Plant d'oranger, 23 = Plant de manguier, 24 = Poirier, 25 = Autres*

Code 2: *1 = Acheté, 2 = Vendu*

Code 3: *1 = Un tiers de l'entrepôt, 2 = Deux tiers de l'entrepôt, 3 = Un quart de l'entrepôt, 4 = la moitié de l'entrepôt, 5 = Tout l'entrepôt, 6 = Autre*

Précisez l'UL utilisée : ____________________

Équivalent en kg de l'UL : /__/__/./__/

Annexe 5 : Guide d'entretien pour les organisations paysannes

GUIDE D'ENTRETIEN POUR LES ORGANISATIONS PAYSANNES

Prénom et Nom

____

Âge ____

Organisation

____

Fonction

____

Questions

Comment est organisé votre GIE ?

....
....
....
....
....
....
....
....
...

Quelles sont les institutions intervenantes dans le processus de distribution des intrants et quels sont leur rôles spécifiques ?

....
....
....

....
....
....
....
....
...

Comment sont organisées la demande et la distribution des intrants ?

....
....
....
....
....
....
....
....
...

Quels sont les prix/kg (en F CFA) de :

Urée _______________

NAP 18-48-00 ______________

Semence certifiée ________________

Comment se fait le choix de la variété de semence certifiée ?

....
....
....
....
....
....
..............................….

Expliquez vos difficultés concernant l'approvisionnement en intrants.

....
....
....
....
....
....
....
....
...

À combien l'irrigation par hectare est-elle facturée ?

____

À combien la récolte/ha est-elle facturée ?

Manuelle ______________________

Mécanique ___________________

À combien le battage/ha est-il facturé ?

Manuel _____________________

Mécanique __________________

Combien les chasseurs d'oiseaux sont-ils payés/mois ?

Durée par campagne _________

Quantité de main-d'œuvre nécessaire/ha ___________

Salaire mensuel _____________________

TABLE DES MATIÈRES

Made in United States
Orlando, FL
05 November 2026

90231071R00095